茶·器与艺

赵艳红　宋伯轩　宋永生　编著

化学工业出版社

·北京·

图书在版编目（CIP）数据

茶·器与艺 / 赵艳红，宋伯轩，宋永生编著 . —北京：
化学工业出版社，2018.5（2024.9重印）
ISBN 978-7-122-31859-6

Ⅰ. ①茶…　Ⅱ. ①赵…②宋…③宋…　Ⅲ. ①茶具 -
基本知识 - 中国　Ⅳ. ① TS972.23

中国版本图书馆 CIP 数据核字（2018）第 061718 号

责任编辑：章梦婕　李植峰　　　　　　　装帧设计：韩　飞　孙晨旸
责任校对：吴　静

出版发行：化学工业出版社(北京市东城区青年湖南街13号　邮政编码100011)
印　　装：涿州市般润文化传播有限公司
787mm×1092mm　1/16　印张13¼　字数153千字　2024年9月北京第1版第7次印刷

购书咨询：010-64518888　　售后服务：010-64518899
网　　址：http://www.cip.com.cn
凡购买本书，如有缺损质量问题，本社销售中心负责调换。

定　　价：58.00元　　　　　　　　　　　　　版权所有　违者必究

序 那些，与茶同行的日子

初遇赵艳红教授是在 2014 年韩国釜山召开的"国际茶科技与茶文化研讨会"上，因为是同行，很快就熟识了，知道她爱器爱茶。以后许多次相见，成为老朋友。2017 年斯里兰卡茶叶 150 周年庆祝活动之一的国际茶业大会上，再次相约同行，了解到彼此有许多共同的爱好和理想，如愿意为茶友们做些解困答疑的学术活动，也愿意为茶付出，去支持西部地区茶叶的帮扶工作。尤其是她作为一位文科出身的女教授竟然在河北种活了 100 多亩茶树，令我肃然起敬。越来越多的了解，更令我感到她对社会的责任感和担当，她要把自己的所学所爱与天下茶友分享，同大家一起进步。

中华民族历史悠久，茶文化博大精深。茶是我国呈现给世界的美好礼物。品茶是生活中的美好感受，也是一种雅致的生活艺术。好茶离不开好器。在浩瀚的历史长河中，大多数古代的茶已经消失；但茶器却历经沧桑，流传下来了许多实物。从这个角度考虑，在茶文化历史研究中，茶器是非常重要的一部分。

茶文化的研究，要创建一套科学的、系统的方法。在茶具研究方面，赵艳红教授沿中国陶瓷发展的脉络走访了我国很多的古窑址。从石器时代的磁山文化到汉代的灰陶，从唐代"南青北白"到宋代"五大名窑"，从福建黑釉盏到景德镇陶瓷，再到宜兴紫砂壶。她收集了大量的第一手资料。

《茶·器与艺》是作者奉献给茶友的一杯甘露。作为第一个读者，在书中读出了她冲泡中国茶的味道：翔实的茶具历史、科学的选择方法、茶具的应用技巧、茶具的文化内涵与美学特征、茶器与茶完美结合的韵与神，所有这些，都倾注着作者对茶与器的热爱，对美和艺术的解读。

在"以器入道：步入茶艺术殿堂"一章中作者提出，茶艺学要求人之美、器之美、茶之美、水之美、境之美、艺之美，茶由人制、境由人创、水由人鉴、艺由人编等，读来不仅感悟出许多人生哲理，也是知识积淀出的至简大道。

本书具有极强的实用性，不仅把陶和瓷的历史写得明白，而且对器的制成要素和工艺要求描述得十分清楚。目的是告诉读者如何选择茶器、如何健康使用、如何更加深深地体悟茶与器的完美结合。所以，这本著作是作者的精心之作，也是茶友的经典读物、知识伴侣。

今年初冬，我受邀与赵艳红教授参观河北曲阳北宋定窑遗址。那天的阳光与微风，那古窑址的沧桑寥落，还有那随手可抚、温润恬静的千年古瓷片……每每忆起总令我久久难以忘却。这或许只有研茶至深的人，才能够明白。

茶因器具更活，器有茶更包容，人有两者便齐美。

浙江大学茶学系主任
2017 岁末于杭州

前言　品茗是一种生活的艺术

中国人饮茶已有数千年的历史。博大精深的茶文化，涉及哲学、历史、文学、艺术、民俗、科学技术等众多领域。同时，品茗也是人人均可亲身体验参与，并获得愉悦与健康的日常活动。

我研习茶艺已有多个年头，在茶学领域认识了一群特殊的人：他们可以少吃一两顿饭，但绝不放弃品一次茶的机会。他们的工作生活忙忙碌碌，但稍有空闲就会拿起一本茶书津津有味地研读。在我看来，这些人每天都在与茶的亲近中享受着诗意的浪漫生活。

茶为大家开启了一扇艺术之门，让大家走入一个崭新的精神世界。生活中我们或许应该有一些业余爱好，无论是琴棋书画还是花鸟鱼虫，无论是表演、歌唱还是摄影旅游，都可在不同程度上为生活增添色彩。

我遇到过许多事业有成的人，他们在各自专业领域造诣颇深，但在生活中却了无生趣，难以获得快乐。一个人，如果生活没有乐趣，其实是一件很不幸的事。

大家或许会说，培养一个艺术爱好是很困难的事，需天赋、磨炼与机遇，但是品茗并不存在这些"门槛"，你只需要深深喜欢着茶，并且时时品味茶，你就是一个茶人。茶不会因为你的身份、财力或年龄而有所怠慢。

茶是我们人生的挚友。那么我们就一起品茗吧！

当你渐渐走入茶的世界，你会感到，将闲暇的时光用于与茶对话，生活忽然变得乐趣无穷。这是因为学茶使你每天都有事情做，做的事有助于获得快乐与健康，可以使我们感受生活中的点滴美好。当我们把这些美好的感受与朋友们分享时，生活就进入了更为高雅的层次。

有人问如何成为茶道高手？我个人有两方面的体会：学茶入门有捷径，掌握一些方法则入门快；研习茶道无近路，悟道是一种研习与修行，需持之以恒。

学茶的捷径包括找一本规范的教材、找一位认真的老师、自己构建一个品茶的环境，从而快乐地与茶为友。

品茗研道的路，则根据每个人的经历各有不同。有一位茶友说得好："不可能人人成为大师，从事艺术很大意义上也是修炼精神与气质，从而建立真善美的目标。找准自身价值与人生定位至关重要，不成为大师，可做一名规范尽责的教师与传播者，也体现了自身的社会价值；再者，从事其他领域的工作，而有一门道行较深的艺术作为修身养性，这便是极好的。"

其实，在她说这番话的时候，她或多或少已经成为大师了。我们每个人学茶时领悟到古人研修茶文化的精髓，培养了生活的耐心与毅力，领略到茶学的艺术，在轻松的人生旅途中，有一天终会获得灵感。那时，会感到生活是如此的美好。

基于诠释茶艺及茶文化的内涵，我们编写了"品茗艺术"系列，包括《茶·器与艺》《茶·茗与艺》《茶·境与艺》三部作品。

《茶·器与艺》一书以图文并茂的形式主要介绍了四个方面的内容。

第一部分"品茶之初：知器而善用"，向大家介绍了各种茶具的形状、名称、用途及各自不同的特色。

第二部分"前生今世：器具的渊源与精华"，详细叙述了茶具的产生，各个历史时代的发展特点，茶具与其时代的科技、文化、经济、生活的相关联系，重点介绍了唐代"南青北白"，宋代"五大名窑""八大窑系"，以及明清紫砂茶具、景德镇瓷器等经典茶具。

第三部分"岁月永恒：茶具的选择与收藏"，重点介绍各种茶具的不同材质特点、当代精品茶具的鉴赏与鉴伪、茶具的文化艺术表达，以及在茶艺过程中，不同用途的茶具搭配与选择。

第四部分"以器入道：步入茶艺术殿堂"，重点讲述茶具使用及泡茶过程中的礼仪、举止、行为特点，初步阐述了茶艺与茶文化在泡茶过程中的寄托与表现，详细介绍了不同茶具泡茶程式的具体步骤、方法和特色等。本书附有呈现茶具外形、用法及泡茶程式的视频内容，可以通过扫码，免费观赏，详细解读。

《茶·器与艺》由介绍生活中涉及的茶事、茶具入手，讲述其名称、特点、用法、艺术表现、文化内涵及应用礼仪。

《茶·茗与艺》讲述茶的种类、加工、茶叶的特点、优良茶叶的选择及沏泡技术，还有品茶的方法。

《茶·境与艺》介绍品茗的环境选择、空间的豁达、各种茶元素的搭配、茶席与茶席设计、茶艺美学的基本原理及茶艺美学的赏析方法等。

茶，源于中国，自发现之日起，至今已有数千年的历史。在漫长的岁月里，茶不仅滋润着人们的日常生活，还时刻启迪着人们的内心世界。随着历代饮茶活动的发展，品茗艺术广泛地融入生活，并对社会的物质生活和精神生活产生重要影响。掌握茶艺的基本内容，对于丰富生活、提高品位、培育审美情趣具有非凡的意义。

其实浪漫而寓有诗意的生活距离我们并不遥远，品茗时刻，心中一定拥有碧水蓝天。

赵艳红
2018 年 1 月于雄安新区

目录

第一章 品茶之初：知器而善用   001

第一节 茶具及其应用方法   002
一、认识常用的茶具组合   002
二、茶杯   003
三、茶壶   007
四、茶碗   014
五、盖碗   016
六、茶海   017

第二节 辅助茶具   020
一、茶叶罐（小型茶叶罐）   020
二、茶道组合（茶艺六君子）   023
三、杯托与杯垫   025
四、茶刀   027
五、茶荷   027
六、盖置   029
七、水洗   031
八、滤网和滤网架   031
九、茶巾和茶巾盘   032
十、奉茶盘   033
十一、壶承   033
十二、养壶笔与笔架   033
十三、茶宠   034

第三节　备水器具　　　　　　　　　　035

一、煮水壶　　　　　　　　　　　　035

二、养水罐　　　　　　　　　　　　036

第四节　储茶器具及其他　　　　　　037

一、储茶器具　　　　　　　　　　　037

二、泡茶席　　　　　　　　　　　　038

三、茶室用品用具　　　　　　　　　040

四、盛运器　　　　　　　　　　　　040

第二章　前生今世：器具的渊源与精华　　043

第一节　早期茶具　古朴厚重　　　　045

第二节　唐代茶具　奔放恢宏　　　　048

第三节　宋代茶具　美学巅峰　　　　065

第四节　元明茶具　返璞归真　　　　079

第五节　清代茶具　精美雕镂　　　　089

目录

第三章 岁月永恒：茶具的选择与收藏　　　097

第一节 各种茶具的材质特点　　　099
一、陶质茶具　　　099
二、瓷器茶具　　　101
三、竹木茶具　　　109
四、玻璃茶具　　　111
五、漆器茶具　　　114
六、金属茶具　　　117
七、其他材质茶具　　　120

第二节 当代茶具精品鉴赏与鉴伪　　　122
一、宜兴紫砂茶具　　　122
二、当代瓷器茶具　　　136

第三节 茶具的选择搭配　　　148
一、茶具与冲泡茶品：
　　器雅茶美两相宜，茶色杯影相交映　　　148
二、茶具与地域：西风古道与烟雨江南　　　152
三、茶人个性化选择：豪放与婉约　　　153

第四章 以器入道：步入茶艺术殿堂 157

第一节 茶艺的美学内涵 159
一、仪表美 159
二、风度美 162

第二节 茶艺礼仪与茶人的风度 170
一、基本站姿 170
二、基本坐姿 171
三、行姿（走姿） 173
四、鞠躬 173

第三节 茶具泡茶程式的演示 177
一、玻璃杯绿茶茶艺演示（视频） 177
二、紫砂壶乌龙茶茶艺演示（视频） 181
三、盖碗茉莉花茶茶艺演示（视频） 186
四、茗朴十二道泡茶法茶艺演示（视频） 190
五、瓷壶红茶茶艺演示（视频） 193

后记 197
参考文献 199

第一章 品茶之初：知器而善用

第一节　茶具及其应用方法

一、认识常用的茶具组合

茶具是指与茶事活动相关的器具。如果想泡一手好茶，首先应有一套得心应手的茶具。我国的品茶历史源远流长，茶具更是茶文化艺术中的点睛之笔。人们在茶艺实践活动中所使用的器具，主要包括主茶具、辅助茶具、备水器具、贮备茶器等。如果茶人要进一步深入研究，其内容还涉及泡茶席设备用具及茶室用品等。

如果受泡茶场地等各种条件限制不便使用配套茶具泡茶，可以仅选择一个杯子完成泡茶品茶；若想初步领略品茶艺术，则需置备一些基本的茶具，借以完成泡茶品茶工作；若把品茶作为会友论道修身养性的一种活动，则应更多地收集各种和茶相关的器具，在品茶研艺的过程中领略更多的文化艺术风采。

二、茶杯

茶杯是用来盛放茶水的器具，一般分为大小两种。大杯可直接作泡茶和盛茶用具，主要用于高级、细嫩名茶的品饮和个人便捷泡饮。小杯是品啜用具，亦叫品茗杯，可与闻香杯配合使用；小杯中体形略大者，根据时代及地域不同，亦被称为茶碗、茶盏等。

杯作为日用器皿，历史悠久，从古至今其主要作用都是饮水、饮酒或饮茶。最早的杯始见于新石器时代。在仰韶文化、龙山文化及河姆渡文化遗址中均发现有陶制杯的存在，杯形奇特多样，有带耳的单耳或双耳杯，带足的锥形杯、三足杯，以及觚形杯、高柄杯等。

战国至汉代，其中最具代表性的是汉代的椭圆形、浅腹、长沿旁有扁耳的耳杯。隋代多是直口、饼底的小杯。

唐代的三彩釉陶杯和纹胎陶杯最有特色，当时还流行盘与数只小杯组合成套的饮具。

宋代的制瓷技术相当发达，当时的五大名窑所生产的瓷器，数量多，质地精美。宋代斗茶之风大盛，为了便于观察白色的茶汤和茶末，特别崇尚黑釉杯器，尤其是建窑黑盏、定窑黑釉酱釉盏等。磁州窑釉下黑彩装饰颇为鲜明。

元代的杯胎骨厚重，杯内心常印有小花草为饰。

明清时期的杯最为精致，胎体轻薄、釉色温润、色彩艳丽、造型丰富。

明代有著名的永乐压手杯、成化斗彩高足杯、鸡缸杯等，早中期多见高足杯。清代杯多直口、深腹，腹部具把或无把、带盖或无盖的分别，装饰手法丰富多样，有青花、五彩、粉彩及各种单色釉。

现代青瓷制品，瓷色莹润翠绿，杯口处略内收，握持舒适便利，品茗之佳品

20世纪80年代宜兴紫砂制品，直口杯可聚茶汤香气，滋味醇厚，保温性能佳，最宜饮用黑茶和乌龙茶

1. 泡茶用杯

生活中最常用的茶杯为玻璃杯，另外还有陶瓷杯、金属杯、复合树脂杯（塑料杯）等。茶杯可以有盖或无盖、有杯把或无杯把；可以是口大底小的敞口杯、口小底大的收口杯，也可以是上下同径的直口杯；可以是单纯的一个杯子，也可以在杯子的基础上附加其他配件以达到便携饮茶的目的，如飘逸杯、快客杯、同心杯、旅行杯等。

2. 品茗用杯（小茶杯）

品茗杯是盛放冲泡好的茶汤并饮用的器具。按照杯口的形状，茶杯可分为敞口杯、翻口杯、收口杯、直口杯和把杯等。

翻口杯：杯口向外翻出似喇叭状的茶杯。

敞口杯：杯口大于杯底，因很像茶盏，也被称为盏形杯。

直口杯：杯口与杯底同大，也称桶形杯。

收口杯：又称敛口杯，杯口小于杯身及杯底。

【品茗杯的操作示范】

女士持杯手法：右手持杯，用拇指、食指夹杯，中指托住杯底，可舒展开兰花指小口啜饮。

男士持杯手法：右手持杯，用拇指、食指夹杯，中指托住杯底，无名指和小拇指收好。

3. 闻香杯

闻香杯是在品茶时用来闻嗅茶香的器具，常在功夫茶冲泡过程中与品茗杯配套使用。

茶倒入闻香杯，将品茗杯倒扣在闻香杯上，翻转闻香杯，茶汤倒扣在品茗口旋转一圈后将闻香杯杯口朝上。双手掌心向内夹住闻香杯，靠近鼻孔，嗅闻茶的香气。闻香气的同时可以对搓手掌，使闻香杯发生旋转运动，有助于茶香气的持续散发。

闻香杯的外形基本呈圆筒形，有陶质杯、瓷质杯、玻璃闻香杯等。闻香杯一般以瓷质为佳，茶香散发更充分。

闻香杯一般和品茗杯搭配使用，要与品茗杯在外观上一致。使用风格统一的闻香杯、品茗杯和杯托组合冲泡茶叶时，既可以品味茶的香醇与美味，又可以欣赏到茶具之间的和谐之美。

4. 公杯

公杯，又称公道杯，是一种泡茶时用于分茶的器具。人们饮茶时，一般会把茶壶中冲泡好的茶汤先倒入公道杯中，再由公道杯分杯分入各品茗杯中。这样可以调匀茶汤浓度，杯上放置茶漏（过滤网）可以过滤茶末。

公道杯种类多样、造型各异。根据材质，可以分为陶质、瓷质、玻璃等。公道杯在选择上有一定的标准。在形状和色彩上，应选择与壶相对应和谐的公道杯。如果选择不同的造型与色彩，需把握整体的协调感。

公道杯的容量需与壶的容量相同或稍大于壶的容量，以备不时之需。公道杯的主要作用是分茶汤至客人各自的小杯中，因此，其倒茶入杯时断水性能的好坏直接影响分茶时的效果。公道杯分有把及无把两种。

【公杯的应用方法】
拿取时，右手拇指、食指抓住提的上方，中指顶住壶提的中侧，其余二指靠拢。

三、茶壶

茶壶是日常泡茶的带嘴或口的器具，主要作用是泡茶，较小的茶壶也可以在泡茶后直接对口饮用。茶壶以紫砂壶为主，同时也有陶瓷茶壶、金属茶壶等。

唐朝的茶壶被称为"汤瓶"及"执壶"，构造较简单，仅由瓶身、壶嘴、把手三个部分组成。唐代汤瓶中的水既可以从流嘴中倒出，也可以直接从瓶口倒出，流的作用可大可小，因此，汤瓶的流很短，其重要功能并非泡茶，仅仅是用来贮水、加水。

到了宋代，汤瓶的流逐渐变长了，这种汤瓶也被称作"水注"。水注的出现给壶形带来了另一个变化。由于水注的流较长，使用把手在壶身一侧的壶注水很不方便，于是出现了提梁壶，并逐渐成为当时的流行款式。

到了明代，制壶家制作了许多小壶，深受茶人喜爱。清代紫砂壶艺与文人趣味相结合，茶壶有了更多文化艺术的色彩。明清风格沿袭至今，现在泡茶一般以小型茶壶为常用。

1. 茶壶的结构

茶壶的结构为壶盖、壶身、壶底、圈足四部分。壶盖又可分为孔、钮、座、盖等部分；壶身有口、沿（唇墙）、嘴、流、腹、肩、把（柄、扳）等部分。茶壶的类型很多，根据壶"把、盖、底、形"的细微差别，茶壶的基本形态就有近二百种。

紫砂壶各部分名称示意图

2. 茶壶的分类

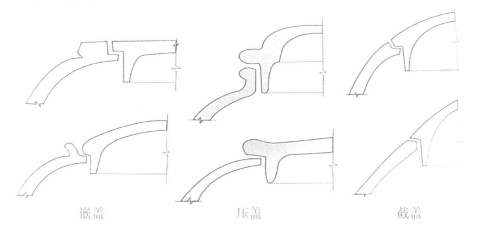

嵌盖　　　　　　　压盖　　　　　　　截盖

以壶盖特点分类：盖在壶身上面起密合作用，有嵌盖、压盖和截盖三种形式。

压盖壶：壶盖平压在壶口之上，壶口不外露。

嵌盖：壶盖嵌入壶内，盖沿与壶口平。

截盖壶：壶盖与壶身浑然一体，只显截缝。

紫砂壶一般以压盖壶为常见。

以壶把特点分类：壶把是为了便于执壶而设，主要有端把、横把、提梁等三种基本形式。

端把壶：壶的把手位于壶身一侧，与壶嘴相对，多制成耳状、椭圆或半圆状，又称为侧把壶。

横把壶：壶把呈握柄形状与壶身呈直角的壶式，又称为握把壶。

提梁壶：壶把在盖上方为虹状者。

另外，还有无把壶。无握把的茶壶，可以用手指握壶身使用。

二弯流嘴　一弯流嘴　流　三弯流嘴　直嘴

以壶嘴特点分类："流"的尖端位置叫"嘴"，有一弯流嘴、二弯流嘴、三弯流嘴、直嘴、流五种基本式样。壶嘴又称壶流。

一捺底　钉足　加底

以壶底特点分类：壶底关系到茶壶放置的平稳，分为一捺底、加底和钉足三大类。

捺底壶：茶壶底心捺成内凹状，不另加足。

钉足壶：茶壶底上有数颗外突的足，三钉足最为常见。

加底壶：茶壶底加一个圈足。

3. 壶的执用方法

壶的执用方法主要包括横把壶、端把壶小壶及端把壶大中型的执法。

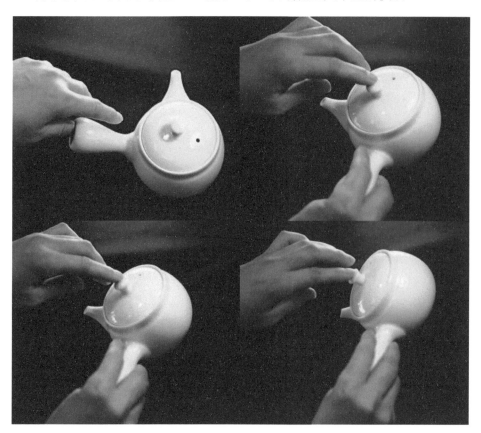

【横把壶执法】

拇指插入壶把空心处，食指、中指、无名指握住壶把，倒水时以前臂为中心
旋转倾倒，肘部不要抬起，另一手食指压控壶盖，配合倒茶动作。

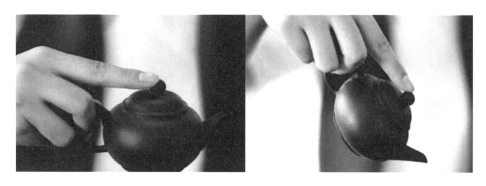

【端把壶小壶的基本执法】

食指压控壶盖，拇指、中指捏控壶把，无名指顶托把外侧，倒茶时以腕部运动，肘部保持静止。

【端把壶大中型的基本执法】

大中型壶可双手执壶，一手拇、食、中、无名指提壶，一手食指压控壶盖，注意肘部保持静止不动。

四、茶碗

茶碗，又称茶盏、茶瓯，是指盛放茶汤水以供品饮茶汤的器具。茶碗一般比品茗杯稍大，是饮茶中最为常用的器具，也是茶具中品种最多、价值最高、最为考究的一种主茶具，其种类丰富、造型多样。

早期的茶碗是由酒具、饮水具、食具等演变而来的。唐代比较受欢迎的是越地所产的青瓷茶碗。唐代煎茶最为流行，当时茶汤颜色偏黄，用白瓷、黄瓷、褐色瓷器盛放，视觉效果不佳，而青瓷碗盛此茶汤颜色发绿，更宜茶色。

宋代点茶法逐渐取代煎茶法成为当时的主流。点茶茶汤以白为上，所用的茶碗也随之发生变化，青瓷茶具由于呈现白色茶汤效果不佳而渐少用，而黑、褐、黄茶碗可以衬托出茶汤的洁白，成为当时最为流行的上等茶碗。

明代以后，随着饮茶方式的改变，人们更喜欢以白色为主的陶瓷茶碗。随着制瓷技术的发展，除了传统茶碗以外，还出现了多种釉色瓷及彩绘茶具。其中景德镇烧制的青花瓷、白瓷与彩绘茶具最为突出。彩瓷技术使茶具的风格发生极大的变化，工艺达到很高的境界。

茶碗的大小随茶艺的发展产生不断的变化。唐宋时期的茶碗普遍都比较大。唐代一般在 10～20 厘米，宋代茶碗口径变小，一般在 7～10 厘米。这既与当时的茶艺风格有关，也与人们日常生活中的习俗有关。不同阶层的人使用的茶具也是不同的。对普通人来说，饮茶主要是为了解渴，茶具当然要选择大一些；而有些阶层对于饮茶很讲究，他们不仅要品出茶的味道，还要悟出茶外的感觉，故茶碗选择要精致小巧。

现在茶碗种类较多，以陶和瓷质为主，特别是瓷质茶碗种类繁多，造型、图案、纹饰十分丰富。目前流行干泡茶法，泡茶器具多选用体形略大的茶碗，配以舀茶勺分茶饮用。

建窑黑茶盏

五、盖碗

盖碗是一种上有盖、下有托、中有碗的茶具，为泡饮合用器具，也可单用，又被称为"三才碗"及"三才杯"，暗含了"盖为天、托为地、碗为人"的天地人和之意。盖碗茶具造型独特，制作精巧。茶碗上大下小，盖可入碗内，茶托做底承托。喝茶时盖不易滑落，有茶托又免烫手之忧。端茶托可稳定重心，喝茶时只需半张半合碗盖，茶汤可徐徐沁出，茶叶不会直接入口。

盖碗是一种较为常见的饮茶器具，以陶瓷质盖碗居多。用瓷质盖碗冲泡绿茶和轻发酵、轻焙火的乌龙茶最佳，而陶质盖碗最适宜冲泡重焙火的乌龙茶和黑茶等。除了陶瓷之外，还有许多用其他材质制成的盖碗，其大小不一、外观各异。

选购盖碗时，需要根据自己的实际情况选择其容水量大小。盖碗的容量大小影响茶叶冲泡的质量，标准的盖碗容量一般在 100 ～ 130 毫升，以容量为 110 毫升的盖碗最佳。为了更好地鉴赏茶汤的色泽和叶底，一般选择色泽纯正、洁白且内壁为白色的盖碗。

现代青瓷盖碗 釉色青翠欲滴，工艺精美

可独自饮茶，也可作公共泡茶器使用暗含"盖为天、托为地、碗为人"的天地人三才合一，定瓷盖碗，上部为盖、中部为碗、下部为托。

【盖碗基本操作方法】

以食指压控碗盖，使盖与碗之间有一小的空隙，便于出汤，拇指与中指、无名指相对捏持盖碗边沿，倒茶时手腕部运动，肘部静止。

六、茶海

茶海又叫茶盘、茶船，是用来放置茶器具的垫底茶具。以前单纯的喝茶如今已成品茶味、讲茶道、论茶艺的综合活动，人们将根雕制作艺术与茶具相结合，制作出既能方便烹茶、品茶，又具有根艺或根雕审美意识的独特茶具。

茶海的造型丰富多彩，有盘状茶海（茶海船沿矮小，从侧面平视，茶具的形态一览无余）、碗状茶海（船沿高耸，从侧面平视，只能看到茶壶的上半部分）、夹层式茶海（茶船分为两层，上层有许多排水小孔，下层有出水口，便于冲泡时溢出的水倒出）。

茶海总结起来有以下三个特征。

实用性：必须具备排水系统。茶海首先是便于烹茶、品茶的器具，人们在品茗时喜欢先洗茶，也就是说，第一次泡茶的水必须倒掉，这些水必须顺着排水系统才能流入盛水的容器里。

工艺性：好的茶海一般用大型的树根制作而成，属于根艺、根雕类，有的在茶海上雕饰弥勒佛、龙凤、山水或其他动物等，显示其工艺性。在雕琢手法上又有抽象和具象之分，颇具艺术欣赏价值。

独特性：好的茶海都有自己的个性和特点。制作茶海的大型树根长成一样的是非常少有的，即使长成的树根很相似，再经过不同的艺人加工，能达成两个相似的茶海，那也是非常不易的事。

茶海属于主要的冲泡工具之一，质地各不相同，品种多样，一般竹质和木质茶海在人们的日常饮茶中最为常用，可根据用途、使用环境和个人喜好等进行选择。

酸枝木质茶海

上层有栅状纳水网格，下内有抽屉式纳水箱，存贮泡茶时溢倒的茶水

竹质茶海：比较经济实用。选择时，观察茶海的制作是否精细。表面打磨是否平滑，是否有凸起或凹陷不平的状况。另外观察茶海是否造型规整，有无变形、变质等的情况。

木质茶海：制作材料丰富，在选择上非常讲究，以紫檀木、鸡翅木、黄花梨木等名贵木材最为常见。用这些上等木料制成的茶海色泽美观、纹理雅致，而且质地坚实、方便耐用。

黄花梨木质坚硬，手感温润。其纹理清晰、自然、流畅，木纹或隐或现，生动多变。有的纹像蟹爪纹，有的在结疤处也会呈现出一种无规则的花纹，被称为鬼脸纹。黄花梨木的心材呈浅黄色、金黄色、红褐色、深褐色等深浅不一的颜色，常带有褐色条纹，与边材的颜色差异较大。黄花梨木的新切面有刺鼻的辛辣味，放置一段时间后，则会散发出淡淡的香味。

紫檀木质地致密坚硬，分量很重，放入水中就会沉没，假的紫檀则不会立即沉入水中。紫檀木在与白色纸板或墙壁接触后，会留下紫色的印痕，而假紫檀不会有紫色的印痕留下。紫檀木的心材新切面多呈橘红色或鲜红色，久置一段时间后会转变为紫色或紫黑色，且常常会带有美丽的浅色和紫黑色条纹。

根雕茶海：即用树木的根雕制成的茶海，刀工细腻、浑然天成。茶海上会有天然形成的木纹、年轮。雕刻后茶海更显纹理自然、流畅。

石质茶海：石质茶海多用砚石材料制作，色泽丰富，形态各异。石质茶海上的图案多以浮雕手法加工制作而成，歙县砚石制作的茶海，其雕刻艺术受到徽州砖雕和木雕的影响，造型秀美，风格独特。

茶海除上述材质外，还有由瓷、陶（紫砂）、树脂、金属等材料制作而成的产品。

第二节　辅助茶具

辅助茶具是指在泡茶的过程中起辅助作用的茶具。辅助茶具种类很多，包括茶叶罐、茶道组合、茶荷、杯托、杯垫、茶巾和茶巾盘、滤网和滤网架、盖置、奉茶盘、计时器等。

一、茶叶罐（小型茶叶罐）

茶叶罐是一种用来保管、贮存茶叶的器具。此处重点介绍的是茶席上应用的小茶罐。大体积茶叶罐用于中长期贮存茶叶，将在介绍贮茶器的章节详述。茶叶对水分和异味具强吸附性，存放过程中极易吸湿受潮，且茶香气又易挥发，若保管不当，在水分、温湿度、光、氧等作用下，会产生化学反应或受到微生物的侵染，导致茶叶

侧面刻兰花图案
纹泥制作，罐盖有提钮，罐身铭『清心养神』
20 世纪 80 年代宜兴紫砂制品

变质，因此选用适宜的茶叶罐来存放茶叶是十分重要的。

茶叶罐种类繁多、形态各异，有铁、锡、紫砂、陶瓷材质的茶罐，还有用竹、麦秆等材料编制而成的茶罐。应用较多的是陶瓷、铁、锡质茶叶罐。

一般在泡茶时，可用左手拿取茶叶罐，双手拿控住茶叶罐下部，左手中指和食指将罐盖上推，打开后，将罐盖交于右手放于桌上；左手拿罐用茶则盛取茶叶；将茶叶罐上印有图案及文字的一面面对客人；拿取时手尽量避免触及茶叶罐内侧。在茶艺表演或较正式的泡茶场合，茶人常常采用一系列取茶操作步骤（称为取等量茶法）。

开闭茶罐盖及取茶的步骤及方法具体如下。

第一步　开启茶罐

双手捧住茶叶罐，两手大拇指、食指同时用力向上推盖。当其松动后，左手持罐，右手开盖。右手虎口分开，用大拇指与食指、中指捏住盖外壁，转动手腕取下后按抛物线轨迹移放到茶盘中或茶桌上。取茶完毕仍以抛物线轨迹取盖扣回茶叶罐，用两手食指向下用力压紧，盖好后放回。

第二步　取茶样

方法一：茶荷、茶匙法。

左手横握已开盖的茶叶罐，开口向右移至茶荷上方；右手以大拇指、食指及中指三指手背向下捏茶匙，伸进茶叶罐中将茶叶轻轻扒出拨进茶荷内，称为"拨茶入荷"；目测估计茶样量，足够后右手将茶匙放回茶艺组合中；依前法取盖压紧盖好，放下茶叶罐。待赏茶完毕后，右手重取茶匙，从左手托起的茶荷中将茶叶分别拨进冲泡具中。此法适用于弯曲、粗松茶叶的使用，其容易纠结在一起，不容易用倒的方式将它们倒出来。如冲泡名优绿茶时常用此法取茶样。

方法二：茶则法。

左手横握已开盖的茶叶罐，右手大拇指、食指、中指和无名指四指捏住茶则柄，从茶道组合中取出茶则；将茶则插入茶叶罐，手腕向内旋转舀取茶样；左手配合向外旋转手腕，令茶叶疏松易取；茶则舀出的茶叶待赏茶完毕后直接投入冲泡器；然后将茶则复位；再将茶叶罐盖好复位。此法适合各种类型茶叶的使用。

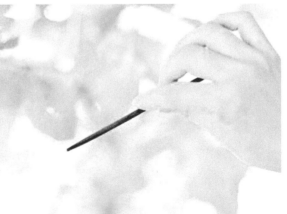

二、茶道组合（茶艺六君子）

在常用茶具中，有一组小茶具称为茶道组合器具，被称为"茶道六君子"，包括茶筒、茶则、茶匙、茶漏、茶夹、茶针等六件茶器具。

茶筒：盛放茶艺用品的器皿茶器筒，又称茶道瓶。

茶则：为盛茶入壶之用具。

茶漏：于置茶时放在壶口上，以导茶入壶，防止茶叶掉落壶外的器具。

茶匙：又称茶拨，其主要用途是挖取泡过的茶。壶内茶叶冲泡过后，往往会紧紧塞满茶壶，加上一般茶壶的口都不大，用手挖出茶叶既不方便也不卫生，故皆使用茶匙。也可配合茶则，拨弄茶叶进入茶壶时使用，故名茶拨。

茶夹：可将茶渣从壶中夹出，也常有人拿它来夹着茶杯洗杯，防烫又卫生。

茶针（茶通）：茶针的功用是疏通茶壶的内过滤网，以保持水流畅通。当壶嘴被茶叶堵住时用来疏通，或放入茶叶后把茶叶拨匀，碎茶在底、整茶在上。

"茶道六君子"材质通常为竹木。竹制品气质清雅，木制品质感纯然，与茶香相得益彰。

茶道组合在整个泡茶过程中是不可或缺的工具，也是品茗诗意画境的一道风景，既是实用工具又是艺术点缀，或观赏或实用，能吸引视线绵绵，趣味无穷。

【茶则的操作手法】

用右手拿取茶则柄部中央位置，盛取茶叶。拿取茶则时，手不能触及茶则上端盛取茶叶的部位，用后放回时动作要轻。

拇指与食指、中指、无名指及小指相对握执，以手、腕、前臂动作为宜，忌肘部及以上部位运动。

【茶匙的操作手法】

用右手拿取茶匙柄部中央位置，协助茶则将茶拨至壶中。拿取茶匙时，手不能触及茶匙上端，用后用茶巾擦拭干净放回原处。

拇指与食指捏执，其余手指可收拢。女性可略跷点花指。

【茶夹的操作手法】

用右手拿取茶夹的中央位置，夹取茶杯后在茶巾上擦拭水痕。拿取茶夹时，手不能触及茶夹的上部；夹取茶具时，用力适中，既要防止茶具滑落、摔碎，又要防止用力过大毁坏茶具；收茶夹时，应用茶巾擦去茶夹上的手迹。

以拇指与食指、中指、无名指控执茶夹，注意用力适中，防止茶具掉落。

【茶漏的操作手法】

用右手拿取茶漏的外壁放于茶壶壶口，手不能接触茶漏外壁，用后放回固定位置。茶漏在静止状态时放于茶夹上备用。

食指与拇指捏执茶漏上口边缘，手避免接触茶漏外壁。

【茶针的操作手法】

右手拿取针柄部，用针部疏通被堵塞的茶叶，刮去茶汤浮沫。拿取时手不能触及到茶针的针部位置，放回时将茶巾擦拭干净后用右手放回。

拇指与中指、食指、无名指对持茶针，避免触及茶针前部。

三、杯托与杯垫

1. 杯托

杯托是用来放置茶杯的杯底器具，可以单独托放品茗杯，也可以同时将品茗杯和闻香杯置于其上。杯托的材质有陶瓷、竹木、金属等多种，选用时与茶杯的材质相匹配，使整个组合更和谐、更具美感。

杯托的造型丰富多彩。有托沿较高，能将茶杯下部包围，从侧面平视看不到杯底的碗形杯托；有托沿矮小，呈盘形状，从侧面平视可以看到部分杯底的盘形杯托；还有杯托下有圆柱脚，从侧面平视可以看到杯底的高脚形杯托。杯托要根据茶杯、闻香杯的材质及外观来选择、搭配，以增加茶具在整体上的协调感和美感。

杯托托沿要有一定的高度，以便于端取茶水。杯托托沿和托底要保持平衡，中心应有凹形线，并与杯底吻合，放置时与水平面保持一致。选择杯托时，杯托的底部不宜与杯子粘连，以免端茶时将杯托带起，掉落碎裂或发出声响。饮茶时，杯托与杯同时端起，可一手持托，另一手扶护茶杯。

2. 杯垫

杯垫是一种用来衬品茗杯和闻香杯的用具，其主要作用是防止刚刚加热后的杯子烫坏桌面。杯垫的类型很多，现在市面上常见的是由竹、木、陶、丝织品等材质制成的。杯垫的形状多样，方形、圆形、六边形等皆有。

在现代社会，杯垫的应用更加广泛，餐厅、咖啡厅、酒店等公共饮食场所皆使用杯垫，另外还可作广告饰品提高形象。

杯垫与杯托的区别在于杯垫放置在茶台上一般不移动位置，杯托则随品茗杯及闻香杯一同端起使用。

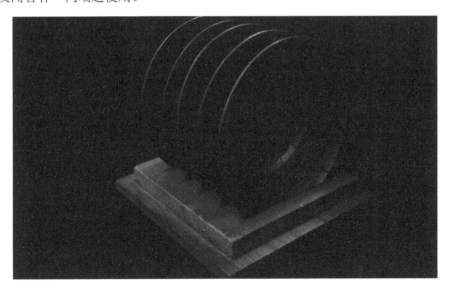

铜质杯垫及木质杯垫架

四、茶刀

茶刀，主要用来撬开、松解紧压茶，使之成为小的茶块以便于沏泡。常用于撬解普洱茶、六堡茶、茯茶等。

普洱茶刀，因外形与"刀"相像，呈扁平状，故取名"茶刀"。茶刀可以有木、竹、牛骨、金、银、铜、铁等材料，结构包括带有刀柄的刀体及刀鞘。利用刀体前端的尖刃可顺利地插入茶饼内，这时只要轻加很小的外力，即可实现茶饼部分的分离。

【茶刀的使用方法】
茶刀尖部插入紧压茶内，轻轻撬动；可取出茶刀在茶的四个侧面重复插撬动作，使茶尽量完整地分离。

五、茶荷

【茶荷的操作手法】
用左手拿取茶荷。拿取时，以拇指与食指拿取，两侧其余手指托起。

茶荷的功用与茶则类似，皆为盛放干茶的置茶用具。泡茶时，可先用茶则将茶叶罐中的干茶取出，放入茶荷中，然后再用茶匙将茶荷中的茶叶拨入茶壶中，是取出茶叶至冲泡过程中茶叶中转的工具。

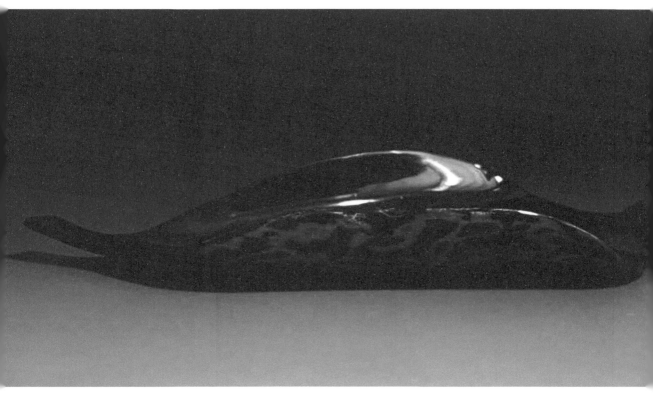

与茶则等不同，茶荷在盛放茶叶时还兼具赏茶功能。用茶荷承装茶叶，人们可以很好地欣赏茶叶的色泽和形状，并据此评估冲泡方法及茶叶量的多寡。另外，如果茶叶需要碾碎冲泡，可以在茶荷上将茶叶碾碎，再放入壶中冲泡。

茶荷的材质多样，陶瓷、金属、竹木、大漆等皆可用来制作，其中最为常见的是陶、瓷和竹制茶荷。茶荷的造型丰富，有的形似一张卷曲的荷叶，有的平滑无纹。由于茶荷兼供使用和观赏，故应综合考虑其大小、材质和造型。

绿茶适合使用细密的瓷质茶荷盛放，喜欢喝绿茶的人可以选择素净的白瓷、青花瓷茶荷等，造型上可以选择卷曲的莲叶形状的茶荷；喜欢饮用普洱茶的，则可选用粗犷的陶质茶荷。大漆茶荷一般较为名贵。

六、盖置

盖置是一种用来托放壶盖、盅盖、杯盖的器具，多用紫砂和陶瓷制成。盖置的造型多种多样，常见的有托垫式盖置（外形酷似盘式杯托，边沿矮小，呈盘状）、支撑式盖置（从盖子中心点支撑柱盖或筒状物，从盖子四周支撑，呈圆柱形）。

用盖置盛放壶盖等，可以保持盖子的清洁干净，避免盖子上附带的茶水沾湿桌面。在选购时，要使盖置的盘面大于需要盛放的壶盖、杯盖等。盖置的中心要低于四周，最好有一个凹槽，方便汇集壶盖等滴下的水。壶盖不能太高，尤其是托垫式壶盖，否则会使茶具整体上显得繁杂，支撑式盖置可以略高一些。

定窑白瓷盖置

定窑白瓷水洗 （庞永辉制）

定瓷水洗，收口，外部为挑刀纹饰，含蓄大气之作

七、水洗

水洗又称水盂、茶洗。古时"滓方""水方"也属此类器具，是用来盛放茶渣、废水及果皮纸屑等物品的器具。其大小不一、造型各异、材质多样，一般多由陶、瓷、木、竹等材质制成。陶质水洗、瓷质水洗和上等的木质水洗质量好，不宜变形或破碎，深受欢迎。按照水洗的开口划分，有敞口型、收口型和平口型等多种式样。敞口型水洗底小口大，外形类似于茶碗；收口型水洗的口和底皆小，深腹部最大且向外突出；平口型水洗开口处圆润光滑，与底大小一致。

八、滤网和滤网架

滤网和滤网架是一组辅助冲泡茶具，又称茶滤、茶漏。滤网是一种上宽下窄、形似漏斗、底部嵌入一层细沙网的器具，用来过滤茶汤、阻隔茶渣进入品饮杯中，多由金属制成。滤网架与滤网配套使用，在滤网处于非功能状态时，用来支托盛放滤网，有人因考虑滤网影响茶汤效果，在泡茶时并不使用滤网。

滤网和滤网架

滤网为过滤茶水之用，非功能状态时放在专用支托上，使用时放置于公杯之上，

九、茶巾和茶巾盘

茶巾也称茶布，在泡茶过程中主要有两种功能：用于擦拭泡茶过程中滴落在桌面或壶身壶底的茶水；用来承托壶底，以防止壶身烫手。茶巾以吸水性好、容易清洗的棉织物为佳，市场上也有少部分丝质或麻质的茶巾出售。

茶巾盘是与茶巾配套使用的器具，主要用来盛放茶巾，以陶瓷、金属和木质茶巾盘最为常见。

【茶巾折用法】

长方形（八层式）：用于杯（盖碗）泡法时，以此法折叠茶巾呈长方形放茶巾盘内。以横折为例，将正方形的茶巾平铺桌面，将茶巾上下对应横折至中心线处，接着将左右两端竖折至中心线，最后将茶巾竖着对折即可。将折好的茶巾放在茶盘内，折口朝内。

正方形（九层式）：用于壶泡法时，不用茶巾盘。以横折法为例，将正方形的茶巾平铺桌面，将下端向上平折至茶巾 2/3 处，接着将茶巾对折，然后将茶巾右端向左竖折至 2/3 处，最后对折即成正方形。将折好的茶巾放茶盘中，折口朝内。

【茶巾的取用法】

双手平伸，掌心向下，张开虎口，手指斜搭在茶巾两侧，拇指与另四指夹拿茶巾；两手夹拿茶巾后同时向外侧转腕，使原来手背向上转腕为手心向上，顺势将茶巾斜放在左手掌呈托拿状，右手握住随手泡的壶把并将壶底托在左手的茶巾上，以防冲泡过程中出现滴洒。

十、奉茶盘

奉茶盘是在茶冲泡好之后，呈送至宾客品饮时所使用的托盘。将品茗杯、闻香杯等茶具放在奉茶盘上，恭敬地敬奉给来宾，方便快捷、洁净又高雅。奉茶盘的系列很多，有紫檀木系列茶盘、绿檀木茶盘、精雕茶盘、紫袍玉带石茶盘、金属茶盘等，以竹质和木质茶盘最为常用。

十一、壶承

壶承的山现因干泡法的兴起而流行，壶承取代茶盘，多被茶友们用来"养壶"。但在干泡茶席上，壶承的用途多是用来避免主泡器上流出的水沾湿席布，以提升茶席的总体美感。

十二、养壶笔与笔架

养壶笔是护养茶壶、清理茶盘、茶杯等器具的专用之笔。笔杆多用牛角、木、竹等材质，笔尖一般以天然动物鬃毛材质为佳。作用包括刷茶碎末、吸附茶盘多余水分，养开片的杯子、茶宠等，以及全方位清刷保养紫砂壶。

一般养壶笔要配笔架支撑，以便操作并保持卫生清洁。笔架可由陶瓷、玉石、金属材料制成。

养壶笔与笔架

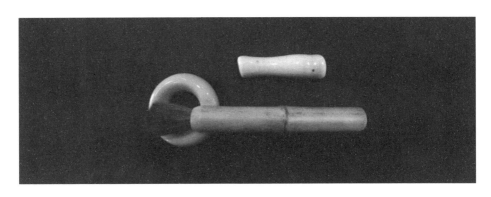

十三、茶宠

茶宠是指饮茶之时摆放在茶台的小型工艺品，多为紫砂、陶质工艺品，也有瓷质或石质的，常见造型有金蟾、貔貅、小动物和人物等。滋养茶宠，其乐无穷。有些茶宠利用中空结构，淋上茶水后会产生吐泡、喷水现象，给品茗休闲增添了情趣。刚买来的茶宠是很新的紫砂色，或红或紫或偏白，表面微微起砂。养它只需每天用笔蘸着茶水轻轻抚刷，或用茶水浇即可。在挑选合适的茶宠时，应考虑材质对茶的吸收和造型乐趣。根据自己的喜好，在美观和趣味都兼顾的条件下，选择适合自己的茶宠。茶宠是茶人的忠实好友。饮茶时以茶汤滋养它们，更添得品茗休闲的情趣。

手指的活动可刺激神经系统，增强运动与感觉功能。在品茶时把玩，通过盘玩，靠手指在掌心不停旋转，对调节大脑中枢神经、健脑益智、增强记忆力、提高思维能力颇有功效。

第三节　备水器具

备水器是指在冲泡茶的过程中，用来盛放各种用水（如泡茶之水、洗涤之水等）的器具，主要有煮水及加热器具、贮水器具及冲水器具等。具体有随手泡、暖水壶、水方、水注等。

一、煮水壶

煮水壶是一种用来煮水的茶具。在冲泡茶时，可以先用煮水壶将水煮沸，直接冲泡茶叶，此法方便快捷。古代所用的煮水器被称为"风炉"，是在明火上直接加热来煮水泡茶。现在最常用的是电磁炉及插电式煮水壶，也称"随手泡"。煮水壶类型多样，有金属、陶瓷、玻璃等品种。有的煮水壶用铝材料制成，由盛水壶、发热控制座两部分组成，便捷安全、实用。

在选购煮水壶时，一般会根据品茶的人数选择容量合适的煮水壶。两三人可以选用 1000 毫升左右的壶，四五人可以选用 2000 毫升左右的壶。

铁壶既是实用器，又是兼具装饰功能的美术工艺品，使用铁壶煮过的水因含有二价铁离子，可提升口感，最适宜冲泡各类黑茶

二、养水罐

养水罐是利用天然水源或在使用净水设备后，贮放泡茶用水的容器，利于贮养之水挥发氯气，适量溶入氧气及二氧化碳气体，同时可使水质更加澄清，明显增加泡茶之水的口感。

养水罐的材质可以是陶、瓷、紫砂等，以紫砂或粗砂挂釉者为首选。

第四节 储茶器具及其他

一、储茶器具

储茶器具是用来储备保存茶叶的器具，其历史悠久。早在唐代就有人用瓷瓶来装置茶叶，以保持茶的色、香、味，当今储茶器具依然很常见。前文在辅助茶具中已述及小型茶叶罐的特点，本节主要论及器型容量较大的储茶容器。唐代时使用的陶瓷储茶器，被称为茶罂，较为典型的为鼓腹平底、颈为矩形而平沿口。宋代蔡襄的《茶录》中明确记载了一个存放茶的工具——茶笼，即竹质茶篓。明代以来饮用的主要是条形散茶，储藏要求比唐宋饼茶更高，时人主要用瓷或宜兴砂陶具储茶，也有使用竹藤等编制的篓来储茶。竹制茶篓，有的能存放数斤到数十斤茶叶。现代，储存茶叶的器皿越来越多，密封性能也越来越好，方便快捷且可以最大限度地保持茶叶的原汁原味。

茶叶海绵状的微观表面既容易吸收水分，又容易沾染异味，还易于在空气中发生氧化，进而变色、变味并失去原来的香气。使用储备茶器，能最大限度地保持茶原有的色、香、味等品质。

左 紫砂茶叶罐

此为江苏宜兴紫砂一厂产品，选用正宗原矿紫砂红泥，做工精美，既是实用存茶容器，又是收藏工艺精品，宜贮黑茶类茶品

右 景德镇瓷茶叶罐

此罐有较好的密封性，可防潮、防氧化，是贮茶佳品。其外形流畅丰满，构图精美，笔法细腻，堪称艺术佳品

常见的储茶器如下。

（1）茶叶罐　用于盛放茶叶的容器，可储茶 250 ~ 500 克，以陶瓷为佳，也有用纸或金属制作而成的。

（2）储茶缸　储藏茶叶用，可储茶 500 ~ 5000 克，为密封起见，应用双层盖或防潮盖，金属或瓷质的均可。

（3）陶瓷瓮　涂釉陶容器或瓷容器，小口鼓腹，储藏防潮用具；也可用马口铁制成双层箱，下层放干燥剂（通常用生石灰），上层用于储藏茶叶，双层间以带孔的搁板隔开。一般容量在 5000 克以上。

二、泡茶席

泡茶席是品茗时各种茶具放置的支放平台，主要包括茶车、茶桌、茶席及与之配套的茶凳和坐垫。

茶车：可以移动的泡茶桌子，要较好的完成一个理想的泡茶品，泡茶时可将两侧台面放下，搁架相对关闭，桌身即成柜，柜内分格，放置必备泡茶器具及用品。

茶桌：用于泡茶的桌子。一般长约 150 厘米，宽 60 ~ 80 厘米。

茶席：用以泡茶的各种支放茶具的平台或地面。

茶凳：泡茶时的坐凳，高低应与茶车或茶桌相配。

坐垫：在炕桌上或地上泡茶时，用于坐、跪的柔软垫物，是大小为 60 厘米 ×60 厘米的方形物或 60 厘米 ×45 厘米的长方形物，为方便携带，可制成折叠式。

实木茶桌作为摆放各种茶具的平台最为常用，茶桌上依次摆放为白瓷茶盏、盏托、横把壶、公杯、茶饼、煮水壶及陶炉等

左 插花器

插花为品茶茶席上的重要元素，花器上一枝纤秀的植物使整个茶席生机盎然

右 布面盛运器

由粗棉布制成的茶具包裹，内放茶壶、茶杯等器具，中间有间隔分置，可作为旅行组合茶具，便于携带

三、茶室用品用具

茶室用品用具主要包括屏风、茶挂和花器。

屏风：遮挡非泡茶区域或作装饰用。

茶挂：挂在墙上营造气氛的书画艺术作品。

花器：插花用的瓶、篓、篮、盆等物。

四、盛运器

盛运器指存放各种茶具并携带移动的箱、柜、篮等器具，主要包括以下几项。

提柜：用以放置泡茶用具及茶样罐的木柜，门为抽屉式，内分格或安放小抽屉，可携带外出泡茶用。

竹提篮：竹编的有盖提篮，放置泡茶用具及茶样罐等，可携带外出泡茶。

提袋：携带泡茶用具及茶样罐、泡茶巾、坐垫等物的多用袋，是用人造革、帆布等制成的背带式袋子。

包壶巾：用以保护壶、盅、杯等的包装布，以厚实而柔软的织物制成，四角缝有雌雄搭扣。

杯套：用柔软的织物制成，套于杯外。

第二章 前生今世：器具的渊源与精华

中国饮茶活动中所使用的器具统称为茶具。古代又称为"茶器"或"茗器"。春秋之前，茶与饮食共器，到西汉有了关于"茶具"的文字记录。两晋南北朝及隋代，随着茶向全国各地传播，茶具的制作和使用十分广泛。唐代中期起，各地饮茶风尚日盛，逐渐形成了一整套制茶、饮茶的模式，成系列的专用制茶、饮茶器具应运而生。唐代制茶器具时称"茶具"，品饮用具称为"茶器"。

饮茶器具一直以陶瓷为主要材质。瓷器的发展，在唐代以前青瓷占主导地位；唐代形成了"南青北白"的局面；到了宋代，则品种众多、百花争艳。元代景德镇的青白瓷烧制成熟后，成为中国瓷器生产的主流。

元代时期，茶饼逐渐被散茶取代，更多地保存了茶的色、香、味。茶具从宋代的精美辉煌转入一种崇尚自然、返璞归真的艺术境界。明代制瓷业在原有青白瓷基础上，创造青花瓷茶具及各种彩瓷、钧红等名贵色釉。其造型小巧、胎质细腻、色彩艳丽，成为珍贵之极的艺术品。宜兴紫砂茶具异军突起，深受欢迎。清代饮茶习惯基本继承前人风格，紫砂茶具发展到了一个新的高峰。清代高水平的瓷质茶具，主要产于康熙、雍正、乾隆三朝，总体风格精美华丽、鲜艳夺目。此外，福州脱胎漆茶具、四川竹编茶具、海南自然材质（如椰壳、贝壳）茶具也开始大量出现。

我国古代茶具丰富多彩，历史源远流长，从粗放到精细，不仅是我国的艺术珍品，也是全世界人类发展积淀的灿烂文化。

第一节　早期茶具　古朴厚重

论及茶器，无法避开餐饮器及酒器。饮食器具一般是人们用来满足饥渴生理之需的"粗"饮器具，而茶与酒的活动除满足生理需求之外，还满足心理体悟要求，更多地注入礼仪、文化、艺术等诸多因素。早期人们使用的饮食器有鬲及缶。

酒的出现及饮用早于茶饮。大约在新石器时代后期，已经出现了尊、豆、杯等陶制酒器。至商周时代，大量形制严谨、纹饰精美的青铜器被铸造出来；至春秋、战国及先秦，青铜材质的礼器、酒器、食器、盛器及其他用器接踵而至。青铜器的造型，极大地影响了陶瓷器及其他材质器具的设计与制造。

秦始皇灭六国，统一文字、货币和度量衡标准等，把中国推向大一统时代。汉高祖刘邦开拓了统一的汉民族文化。至汉文帝时期，内尊儒教国兴民、外开放贸易及文化交流，各民族之间广泛自然融合，国力强盛，文化艺术高速发展，农业、工业、陶瓷业水平达到前所未有的高度。

早期中国茶的饮用生产主要流行于巴蜀一带。全国统一后，茶业先向东部和南部传播，然后渐渐向长江中游、华中及东南地区传播。起初荆巴一带的人们将茶做成饼，先炙烤成赤色，捻成碎末，置于茶器中，注入沸水，再加葱姜和橘子香料来调味，然后饮用。当时另一种常用的饮茶方式是烹煮茶法。此法源于西汉、盛于初唐，即在摘采茶树鲜叶或取茶干叶投入水中煮好饮用，或将黑芝麻、桃仁、瓜子仁加盐，再加椒、姜、桂、薄荷或陈皮等配料一并煮汤。

茶具最早是"缶"，即口小肚大陶土容器。此后则包括煮茶的锅、用于饮茶的碗及储茶的罐子等。饮器中的陶瓷壶瓶形式各样，各时代风格各异。汉代出现了饮酒、饮茶的耳杯和托盘，是后世所用茶盏的雏形。

常用于饮酒、饮茶等，为后世茶盏的雏形，

北方陶质饮具，椭圆形，侧面有双耳便于持握，

汉代耳杯

瓷器出现于东汉中晚期，用瓷石或高岭土做坯，在高温中烧成。坯体烧结坚硬，牢固耐用，瓷器在坯的表面涂一层釉，胎釉紧密结合不脱落。釉层表面光滑，不吸水，易清洗。坯土具高度可塑性以便做成各种形状的器物，可以变换釉色和使用刻、划、镂、雕、印、贴、堆塑、彩绘等技术来对器表面美化，制成各种色彩鲜艳、永不褪色的彩瓷。

关于茶具的记载，最早见于西汉王褒的《僮约》。

王褒（公元前90年至公元前51年），蜀资中人，西汉时期著名的辞赋家，精通六艺，才识渊博。王褒在蜀时，写过《僮约》一文，文中可窥西汉社会生活之一斑。宣帝三年（公元前59年），王褒寓居成都安志里杨惠家里。杨氏家有个名"便了"的髯奴，常对王褒有怠慢之意。王褒有心报复，以一万五千钱买下便了为奴。当下以便信的形式写了一篇长约六百字、题为《僮约》的契约，列出了详尽的劳役项目和工作时间表。

《僮约》中提到"脍鱼炰鳖，烹茶尽具""武阳买茶，杨氏担荷"。"烹茶尽具"意为煎好茶并备好洁净的茶具，"武阳买茶"是说要赶到邻县的武阳买回茶叶。此事发生确切的时间是公元前 59 年的农历正月十五，在当时茶叶能够成为商品在市场买卖，可见饮茶已在蜀地广为流行。

从《僮约》的文辞语气看来，应为作者消遣之作，文中不乏揶揄、幽默之句。但就在这不经意之中，王褒为中国茶具史留下了非常重要的一笔资料。

汉代瓷窑生产青瓷与黑瓷，以青瓷为主，质量以越窑为最好，瓷器的产区主要在长江南岸的浙江。

早期青瓷茶具在东汉烧制成功，从三国到南朝越窑青瓷达到了胎质细腻、釉色滋润的水平。北朝末年，白瓷在北方开始生产，其器型浑圆端庄，釉色白中闪黄或泛青。至隋代，白瓷主要产地河北邢窑烧制技术趋于完善，成为陶瓷史上一个里程碑式的标志。

邢窑白瓷杯（隋）隋代北方白瓷杯，杯身较高，杯底为实饼形状，杯身未施满釉，胎质黄白色较细腻，瓷釉较薄，白色透明

第二节　唐代茶具　奔放恢宏

唐代社会经济与文化高度发达，促进了茶文化的发展。

唐中期以后，南北各地饮茶风尚日盛，逐渐形成了一整套制茶饮茶的程序。此期间专用的茶器具开始应用，与前世不同的是，唐代茶具指的是制茶用具，而饮茶用具则称"茶器"。

唐代的茶品主要以饼茶为主，饼茶加工程序可分解为七道工序，即采、蒸、捣、拍、焙、穿、封。茶叶品饮方式决定不同的茶具形式。唐代人讲究"煮茶"或"煎茶"，即先把饼茶放在火上炙烤片刻后，放入茶臼或茶碾中碾成末，入茶罗筛选，然后放在茶盒中备用。备好风炉、茶釜（锅）中放入适量的水，煮至初沸（釜中之水泡如蟹眼）时，放入适量的盐。到第二沸（釜中之水泡如鱼眼）时，用勺子舀出一勺水备用，储放在熟盂中；投放适量的茶末。到第三沸（观之如腾波鼓浪），把刚舀出备用的水重倒入茶釜，使水不再沸腾，起"止沸育华"的作用。这时茶已煮好，可把煮好的茶用勺子盛入茶碗。可见碗中飘着汤花。

唐白瓷茶盏（邢瓷）

盏沿为增厚的唇口，底为玉璧形，胎质细致紧密，釉黄白色，光泽莹润

中唐时期陆羽所著《茶经》问世，标志着唐代饮茶艺术化的开始。陆羽对此前的饮茶生活做了回顾和总结，对唐代的饼茶制作和加工及品饮做了详细的介绍。唐代的茶具和茶器概念是不一样的，在陆羽看来，茶具是采茶及加工茶叶的器具，而茶器则是品饮的器具，他在《茶经》里分不同的章节介绍了相应的茶具。《茶经·二之具》中列出了以下几种器具。

籯：采茶工具，又叫茶笼。一般用竹子编织而成，大小不一。容量可一斗、二斗、三斗等，是茶农采茶时背着的一种竹器。

灶：蒸茶用的炉灶，最好选用不带烟囱的，可使火力集中在锅底。

釜（锅）：放在炉灶上的蒸锅，最好带唇边的，易于拿放。

甑：蒸茶之用。可用木制作，也可用陶器制作。

杵臼：捣茶用具。把蒸好的茶从甑里倒出，直接放入茶臼里，用木杵捣碎茶叶。

规：又叫模、棬，即制作茶饼的模子。一般以铁为原料制作，可制作成圆形、方形和各种花形。

承：制作饼茶的台子，通常以石头为材质，或用槐木或桑木制作。由于制饼茶时需在承上用力，选用石头制作容易固定。如果用木制，则需要把木半埋进土里，才能起到很好的固定作用。

檐：铺在承上的布，起清洁作用。一般用油绢或破旧衣衫制作。把檐放到承台上，然后把茶模放到檐上，开始制作饼茶。

芘莉：又叫篣筤。以竹子制作的竹筛，用来放置初制好的饼茶。

棨：又叫锥刀。木柄以坚硬的木头制作，用来给饼茶穿洞。

扑：又叫鞭。用竹子编成，用来把饼茶穿成串以便于搬运。

焙：烘焙器。一般在地上挖一个深坑，在上面砌上矮墙，然后用泥抹平整，用来烘烤制作完成的饼茶。

贯：用竹子削制而成，用来穿茶后烘焙。

棚：又叫栈。用木制而成。放在焙上，分上下两层，用来烘焙饼茶。当饼茶半干之时，把它从架底移到下层；当饼茶全干时，把它移到上层。

穿：唐代的饼茶以串为单位，以树皮或绳索穿洞串联而成。不同地区穿的材料有区别，如在江东及淮南地区，以剖开的竹子制作；而在巴川峡山一带，则以树皮制作。各地穿的数量不同。

育：也是烘焙饼茶的工具。通常以木制成框架，外围再以竹丝编织，然后以纸糊成。中间有隔层，上面有盖，下面有托盘，旁边还开有一小扇门。中间放置一器皿，盛有火炭，用来烘焙饼茶。江南梅雨季节时，用此工具可防止饼茶发生霉变。

"工欲善其事，必先利其器"，茶艺是一种物质活动，更是精神艺术活动，故器具要讲究，不仅要好使、好用，而且要有条、有理、有美感。在《茶经》中，陆羽精心设计了适于烹茶、品饮的"二十四器"，具体如下。

风炉：为生火煮茶之用，以中国道家五行思想而设计，以锻铁铸之，或烧制泥炉代用。其具体设计理念及思想后继章节另行叙述。

筥：以竹丝编织，方形，用以采茶。不仅方便，而且美观。

炭树：六棱铁器，长一尺，用以碎炭。

火筴：用以夹炭入炉。

镀：用以煮水烹茶，似今日铁锅。多以铁为之，唐代亦有瓷镀及石镀，富家有银镀。

交床：以木制，用以置放茶镀。

纸囊：茶炙热后贮存其中，不使泄其香，又称纸袋。

碾、拂末：前者碾茶，后者将茶拂清。

罗合：罗是筛茶的，合是贮茶的。

则：有如现在的汤匙，量茶之多少并取茶的工具。可用贝壳、竹木、铜铁等制作而成。

水方：用以贮生水，木质以油漆涂封。

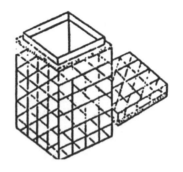

右 筥
左 风炉

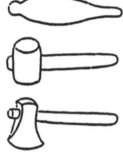

右 火䇲
左 炭树

右 交床
左 鍑

052

右　碾、拂末
左　纸囊

右　则
左　罗合

右　漉水囊
左　水方

右 竹
左 筴
　 瓢

右 熟
左 盂
醝　
簋　
、　
揭　

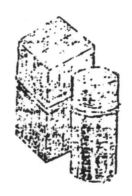

右 畚
左
碗

漉水囊：用以过滤煮茶之水，有铜制、木制、竹制的。

瓢：杓水用，有用木制，多由葫芦剖开制成。

竹筴：煮茶时环击汤心，以发茶性。

鹾簋、揭：唐代煮茶加盐以去苦增甜，前者贮盐花，后者杓盐花。

熟盂：用以贮热水。唐人煮茶讲究"三沸"，一沸后加入茶直接煮，二沸时出现泡沫，杓出盛在熟盂之中，三沸将盂中之熟水再入镇中，称之为"救沸""育华"。

碗：是品茗的器具。唐代尚越州瓷，此外还有邢州瓷、鼎州瓷、婺州瓷、岳州瓷、寿州瓷、洪州瓷，以越州瓷为上品。

畚：用以贮碗。

札：洗刷器物用，类似现在的炊帚。

涤方：用以贮水洗具，盛放洗涤后的水。

滓方：盛放各种渣滓。

巾：用以擦拭器具。

具列：用以陈列茶器，类似现代酒架。

都篮：饮茶完毕，收贮所有茶具，以备来日。由竹篾编织而成。

右　涤方

左　札

右　巾

左　滓方

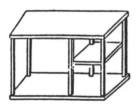

右　都篮

左　具列

由《茶经》可见，唐代饮茶茶具品种繁多，各有其特定用法。此时茶事活动的专用茶盏出现，碗托造型美观；储存放置茶叶的盖罐、茶缸及茶瓶等品形多样。唐代茶具以瓷器为主，其影响最大的有两大窑系产品，即以浙江越窑为代表的青瓷和以河北邢窑为代表的白瓷，一般以"南青北白"概称之。

瓷器作为日常生活器皿，与时代和社会的风尚密切相关。唐代饮茶之风的盛行，促进了茶具的发展。制瓷工艺的改进，器皿品质的提高，使得瓷制器皿大大发展，代替了金、银用具。唐代陆上与海上的对外贸易发展也促进了瓷器的发展。为适应外销的需要，瓷器的造型、纹饰吸取了一些外来的因素，从而形成唐代陶瓷茶器的特有风貌。

魏晋南北朝流行的鸡首壶，在唐代已不再出现，常见的是一种多棱形式、圆柱形短流的执壶。壶柄也由以前的龙柄变为曲柄，在流与柄之间的立系耳的形式也少见。盘口壶壶口也由盘口变为喇叭口，壶腹一般呈椭圆形，有的呈瓜形，唐代文献上称为"注子"，顾名思义应是当时的一种酒器或茶具，在南北各地瓷窑中均大量生产，形制也大体相同。

碗是生产量较大的一种日常生活用器，南北各地瓷窑都普遍烧制，形制也大体相同。唐代的碗深腹、直口、平底，较多保留隋碗的造型；另一种碗近似钵形，但体积小，器壁一般较厚重。唐代中期，开始出现一种身浅、敞口外撇、玉璧形底足的碗。晚唐以后这种碗式大量出现，碗的胎壁从厚重逐渐转趋轻薄，从玉璧形底向宽圈足方向发展。这种碗式的流行与唐代饮茶盛行有直接关系，唐代称这种碗作茶瓯。陆羽《茶经》曾对当时各地瓷窑所产茶碗，做了细致的比较和评论。孟郊、卢仝、皮日休、郑谷、徐夤、陆龟蒙、韩偓等诗人，也都有赞美茶具的诗句，给瓷制茶具增添了身价。

越窑茶碗托的托口一般较矮，使用更广泛，还有盏托连烧者。有的茶托口沿卷曲作荷叶状，茶碗则作花瓣形，非常和谐，越窑翠青的釉色更显雅致，唐末诗人徐夤将茶和盛茶的茶具比为"嫩花涵露"。邢窑玉壁形底的碗、盏托等与越窑所产大体相同，都具有共同的时代特征。

浙江越窑烧瓷的历史十分悠久，可以追溯到汉晋，甚至可以追溯到商代末年烧制原始瓷。唐人所谓"九秋风露越窑开，夺得千峰翠色来"的越窑则主要是指浙江余姚上林湖的越窑。上林湖是一条长形南北向的天然湖泊，面积很大。窑址分布在它的东西两岸，窑址密集，窑产非常丰富，主要有以下几种。

茶镀：因唐代饮茶方式以"烹煮"为主，即把饼茶碾末放入茶镀中煎煮，故镀是唐代重要的茶具。越窑青瓷茶镀的大量出土，为人们了解唐代的煮茶提供了实物依据。浙江省博物馆收藏有一件晚唐越窑青瓷镀，敞口、深腹，口沿有两桥形耳，釉色莹润，器形规整，是一件非常典型的越窑青瓷茶具。

茶则：量器的一种，茶末入镀时，需要用茶则来量取。在越窑遗址，以青瓷制作的茶则在考古中被发掘。

茶瓯：典型的唐代茶具，是越窑青瓷中的代表性器具。茶瓯又分为两类，一类以玉壁底碗为代表，属于陆羽提倡的"口唇不卷，底卷而浅，受半升而已"的器型；另一类常见的茶碗为花口，通常做五瓣花型，腹部压印成五棱，圈足稍外撇，这种器型的出现要略晚于玉壁底型，一般出现于晚唐、五代时期。

茶托子：又叫盏托、茶拓子，是为防盏烫手而设计的器型，后因其形似舟，遂以茶船或茶舟名之。据传，唐德宗建中年间（780～783年），有一位崔姓官员，其女爱好饮茶。因茶盏注入茶汤很烫手，取小碟垫托在盏下，但要喝时，杯子滑动欲倾倒，遂又用蜡在碟中作圆环，以固定茶盏，这样饮茶时，则不再烫手。

其实，盏托的出现早于唐代，在晋代已有青瓷盏托出现。唐代茶托的造型较两晋南北朝时更丰富，莲瓣形、荷叶形、海棠花形等各种款式的茶托大量出现。越窑青瓷茶托的基本造型大致可分为两类：一类托盘下凹，中间不置托台，有的呈圆形，有的呈荷叶形，釉色青翠莹润，如一朵盛放的荷花，十分优美；另一类茶托由托台和托盘两部分组成，托盘一般呈圆形，托台高出盘面，造型各异，有的微微高出盘面，托台一圈呈莲瓣状，也有的高出盘面很多，呈喇叭形。

茶盒：越窑青瓷中有不少带盖的盒子，或高或矮，或圆或方或花型，造型各异。传统认为为粉盒，是女人们梳妆打扮时盛放各类化妆粉用的；还有一类为油盒，是女人们用来盛放抹头油用的；此外，还有一类应为茶盒，因为唐代盛行煎茶或煮茶，饼茶需碾末煮饮，无论饼茶或茶粉都需要有相应的容器，在越窑生产的大量青瓷盒中，就有盛放茶末的茶盒（可从描绘唐人煮茶的绘本作品中看到）。现收藏于台北"故宫博物院"的《萧翼赚兰亭图》是迄今发现的最早的茶画。

画面描绘了一儒生与僧人共同品茗的场景。画面左下角一老一少两个侍者正在煮茶调茗，画面中有一组唐人煮茶的茶具，地上放着茶床，茶床上放着茶碾、茶盏托和一盖罐。盖罐即用来盛放茶粉的茶盒，盖盒的腹部较深，可推知容纳相对较多的茶粉。茶床边有一老者正坐于藤编垫子上用心煮茶，面前放着茶炉，上置茶铫，老者手执茶筷正搅动茶铫中刚刚放入的茶末，旁边一童子正弯腰捧碗以待。这是典型的唐代煮茶场景，是唐人茶事的传神写照。

《萧翼赚兰亭图》大图及局部

越窑瓷器是随着唐代社会经济文化的高度发展而发展起来的。唐代的文献记载及唐人的诗文中有许多赞美越窑瓷器的诗句。

邢窑是唐代另一著名瓷窑，在中国陶瓷发展史上占有十分重要的地位，窑址在邢台内丘、临城。

邢窑瓷器的主要特征是"白如雪"。其实当时邢瓷釉色有白、黑和褐黄三种。白瓷又有粗细之分，而以粗者居多。

陆羽《茶经》中所描写的仅仅是邢窑瓷器中的一部分茶器，并不是邢窑产品的全貌。邢窑细白瓷有碗、托子、皮囊壶、注子等多种形式。最多的为浅腹敞口碗，碗身呈45°角斜出，口缘外部凸起一周，底坦平，底中心凹入，施釉，形如玉璧。此外，有敛口碗，分深浅两种，圈足较玉璧形底为窄，也有平底者。又有碗口口缘作八瓣形者，碗壁凸起四楞线，圈足呈四瓣海棠形。碗托为盘形，托口微高出盘面，矮圈足。皮囊壶，上部扁形，中间有提梁，流口残失，壶下部饱满，平底，左右两侧有线纹凸起，形如皮囊缝合痕，壶前后两面有划花三角形纹饰。注子呈喇叭形口，球形腹，平底，一面有短流、一面有曲柄。瓷罐为圆唇口，颈极短，丰肩，如雪如银。

粗白瓷亦以各式碗为多，粗碗均敷化妆土，大碗多为平底，小碗多为玉璧形底，外部施釉不到底，用叠烧法，碗与碗之间垫以三角形支具，碗心多残留有支具烧痕，大碗底多有白色三角形支具痕，支具以外为火红色。

邢窑白瓷釉色洁白如雪，造型规范如满月，器壁轻薄如云，扣之音脆如磬。其坯质致密透明，上釉、成陶火度高，无吸水性。因色泽洁白，能反映茶汤色泽，传热、保温性能适中，堪称饮茶器皿中之珍品，当时无论是宫廷还是民间"天下无贵贱通用之"。其底部有"盈"字款者质量最佳。

器壁轻薄、坯质致密、玉璧形底、壶流短而直，壶身丰满，此壶釉色洁白如雪，造型规范、

邢窑白瓷 执壶（唐）

玉璧形底，底部刻有「盈」字款，为宫廷用瓷标志

邢窑白瓷 底部有「盈」字款碗（唐）

唐代后期，邢窑由于制瓷原料匮乏等原因渐趋衰落，河北定窑继之而起，成为北方著名的白瓷窑。其釉色纯白或白中闪青，在造型、釉色上，与邢窑大体相同。另一部分器皿的造型是着意模仿当时盛行的金银器而又融合了瓷器的特点创造而成，有各种碗、盘、杯等，一般胎体较薄，多采用花口、起棱、压边的做法。瓷器制作精细，造型优美，胎质洁白细腻，瓷化程度极高，具有一定程度的透明性。

唐代定窑白瓷除了碗、盘外，还有盏托、壶等。盘的胎质较薄，口作葵瓣形，圈足。盏托的口沿分葵瓣口与花口两种，制作均比较精细。

"官""新官"款白瓷是定窑白瓷中的精品，从唐、五代直到北宋后期均有烧造。它随着定窑各时期的发展变化而有所不同。一般讲，"官""新官"款字刻在胎薄细腻、制作精巧、釉色纯白或白中闪青的器物上的，属于唐、五代时期；刻在釉色白或白中泛黄或部分微微闪青的，有时带有刻划花装饰器物上的，属于北宋早期；刻在用覆烧法烧成的、口沿无釉并带有刻划花装饰的器物上的，其时代属于北宋后期。

五代定瓷白碗

薄胎，胎质细腻坚硬，釉色为白色略闪青，五代定瓷碗为敞口斜直壁器形，底部较小，

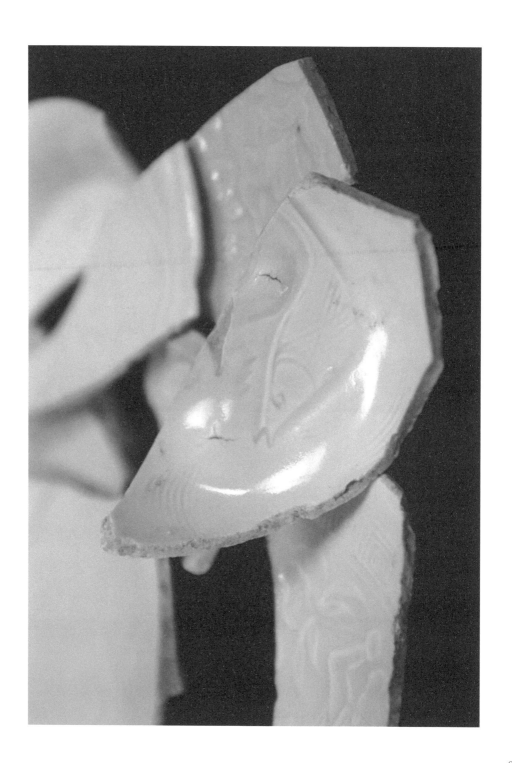

定瓷白瓷残片（宋）

釉色莹润，盏沿不施釉，器底部施釉，瓷片带有刻花装饰图纹，宋代定窑瓷片，胎质致密细腻，轻薄坚硬，釉色白或白中泛黄，

河南巩县窑以烧白瓷为主，兼烧三彩陶器。

"唐三彩"釉色有三彩：黄彩、绿彩、蓝彩。另还有白地蓝彩和绞胎装饰等。三彩瓷生活器皿和玩具比较多，许多是作为随葬用的冥器。

陶瓷与茶是天然契合的。瓷器以其耐高温、产量大、价廉、洁净等特点成为大众喜爱，而茶性贵洁的特点与瓷器的素净"一见如故"，从此瓷与茶密切联系在了一起。

茶叶消费在南北各地兴起，促进了唐代茶业茶器的发展。唐朝除瓷器茶具外，金银、琉璃等器具也为宫廷、达官显贵所用。

第三节 宋代茶具 美学巅峰

中国饮茶"兴于唐而盛于宋"。宋代是中国古代历史上经济文化、科学创新高度繁荣的时代。此时期的茶业日益发展，从皇室贵族至平民百姓全民喜爱饮茶。宋代饮茶方式发生了重大改变，由唐代的煮茶变成了点茶，茶具出现了进一步变化：陶瓷茶具更加精美，金银茶具日渐增多，漆器茶具较为流行。

饮茶器具中煮茶用的釜被烧水用的执壶（汤瓶）取代，饮茶所用的杯盏多为瓷质。"官、哥、汝、定、钧"五大名窑瓷器精美别致。

宋人饮茶，讲究技艺，对于茶器具的选择更是精益求精。宋代中期斗茶之风盛行，茶器崇尚黑釉建盏。宋代茶具名瓷茶盏由唐时"南青北白"变为"官、哥、汝、定、钧"及建盏。盏形由高变低，盏口由小变大；煮水器具由唐时敞口釜式改为执壶；壶形由丰满渐变瘦；碾茶器具更趋精致，由原木、石质茶碾渐用银、铜、生铁、瓷质碾；炙茶用器由唐时小青竹夹变金属夹子；生火用器由生铁制鼎到多用石质、泥制和陶制炉。

南宋审安老人著有《茶具图赞》，以白描的手法绘制了十二件茶具图形，称为"十二先生"。赐以名、字、号，并按宋时官制冠以衔职，生动形象地表达了宋代人对茶具的钟爱和对茶具功用、特点的生动评价，是中国第一部茶具图谱。这十二件茶具分别是韦鸿胪、木待制、金法曹、石转运、胡员外、罗枢密、宗从事、漆雕秘阁、陶宝文、汤提点、竺副帅、司职方。

韦鸿胪

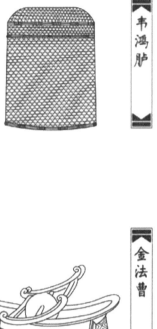

木待制

右　木待制（茶臼）

左　韦鸿胪（茶焙笼）

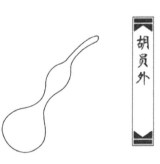

金法曹

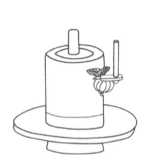

石转运

右　石转运（茶磨）

左　金法曹（茶碾）

胡员外

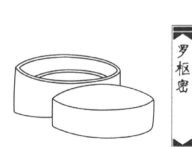

罗枢密

右　罗枢密（茶筛）

左　胡员外（水杓）

066

【韦鸿胪】

祝融司夏，万物焦烁，火炎昆冈，玉石俱焚，尔无与焉。乃若不使山谷之英堕于涂炭，子与有力矣。上卿之号，颇著微称。

姓"韦"，表明由坚韧的竹制成，"鸿胪"为执掌朝祭礼仪的机构。"胪"与"炉"谐音双关。"火鼎"和"景旸"表明它是生火的茶焙，"四窗间叟"表示它开有四个窗，可用以通风、出灰。

"韦鸿胪"是个用于生火焙茶的竹制制茶器具。

【木待制】

上应列宿，万民以济，禀性刚直，摧折强梗，使随方逐圆之徒，不能保其身，善则善矣。然非佐以法曹，资之枢密，亦莫能成厥功。

姓"木"，表明是木制品，"待制"为官职名，为轮流值日，以备顾问之意。

"木待制"是用来敲碎饼茶的器具。

【金法曹】

柔亦不茹，刚亦不吐，圆机运用，一皆有法，使强梗者不得殊轨乱撤，岂不韪与。

姓"金"，表示由金属制成，"法曹"是司法机关。

"金法曹"是将茶饼磨成末的器具。

【石转运】

抱坚质，怀直心，嚼嚅英华，周行不怠。斡摘山之利，操漕权之重。循环自常，不舍正而适他，虽没齿无怨言。

姓"石"，表示用石凿成，"转运使"是宋代负责一路或数路财赋的长官，但从字面上看有辗转运行之意，与磨盘的操作十分吻合。

"石转运"是将散茶磨成茶末的器具。

【胡员外】

周旋中规而不逾其间，动静有常而性苦其卓，郁结之患悉能破之。虽中无所有，而外能研究，其精微不足以望圆机之士。

姓"胡"，暗示由葫芦制成。"员外"是官名。"员"与"圆"谐音，"员外"暗示"外圆"。

"胡员外"是用葫芦制成的取水器具。

【罗枢密】

机事不密则害成。今高者抑之，下者扬之，使精粗不至于混淆，人其难诸。奈何矜细行而事喧哗，惜之。

姓"罗"，表明筛网由罗绢敷成。"枢密使"是执掌高级军事的最高官员，"枢密"又与"疏密"谐音，和筛子特征相合。

"罗枢密"用来罗筛茶末。

【宗从事】

孔门高弟，当洒扫应对事之末者，亦所不弃。又况能萃其既散，拾其已遗，运寸毫而使边尘不飞，功亦善哉。

姓"宗"，表示用棕丝制成，"从事"为州郡长官的僚属，专事琐碎杂务。

"宗从事"是用棕制成的清扫抹茶的用具。

【漆雕秘阁】

危而不持，颠而不扶，则吾斯之未能信。以其弭执热之患，无坳堂之覆，故宜辅以宝文而亲近君子。

复姓"漆雕"，表明外型甚美，也暗示有两个器具。秘阁为君主藏书之地，宋代有"直秘阁"之官职，这里有盏托承持茶盏"亲近君子"之意。

"漆雕秘阁"是漆制盏托。

右　漆雕秘阁（盏托）
左　宗从事（茶帚）

宗从事

漆雕秘阁

右　汤提点（汤瓶）
左　陶宝文（茶盏）

陶宝文

汤提点

右　司职方（茶巾）
左　竺副帅（茶筅）

竺副帅

司职方

069

【陶宝文】

出河滨而无苦窳，经纬之象，刚柔之理，炳其绷中。虚己待物，不饰外貌，休高秘阁，宜无愧焉。

姓"陶"，表明由陶瓷做成，"宝文"之"文"通"纹"，表示器物有优美的花纹。

"陶宝文"用以在品饮时盛纳茶汤。

【汤提点】

养浩然之气，发沸腾之声，以执中之能，辅成汤之德，斟酌宾主间，功迈仲叔圉。然未免外烁之忧，复有内热之患，奈何。

姓"汤"即热水，"提点"为官名，含"提举点检"之意，是说汤瓶可用以提而点茶。

"汤提点"用来烧水、注汤和点茶。

【竺副帅】

首阳饿夫，毅谏于兵沸之时，方今鼎扬汤能探其沸者几希。子之清节，独以身试，非临难不顾者，畴见尔。

姓"竺"，表明用竹制成，为"汤提点"服务。

"竺副帅"是用来点沸、调理茶汤的器具，又称"茶筅"。

【司职方】

互乡童子，圣人犹与其进。况端方质素，经纬有理，终身涅而不缁者，此孔子所以与洁也。

姓"司"，表明为丝织品。"职方"是掌管地图与四方的官名，这里借指茶是方形的。

"司职方"是用于清洁茶具的布巾。

宋代的陶瓷工艺，发展到空前绝后的水平。这一时期南北方各窑之间风格迥异，一些以州命名的瓷窑体系特点明显。汝窑、定窑、官窑"汁水莹润如堆脂"，像青玉一般的质地；钧窑天蓝釉，像天空般湛蓝；龙泉青瓷的粉青、梅子青等品种，巧夺天工引起人们对美的遐想。这是一个划时代的时期，一个全新的美学时代。此时期官窑辈出、私窑峰起，最为著名的是"定、汝、官、哥、钧"五大名窑。

汝窑一向被列为宋代五大名窑之首。其窑址在相当长的一段时期内被认为在河南的临汝县，但半个世纪以来，都始终没有找到客观存在的遗址。直到20世纪70年代，在宝丰县清凉寺找到了汝窑遗址，窑以州名。

汝窑原为民窑，北宋晚期开始为宫廷烧造瓷器。宋徽宗执政时期，是汝窑烧造史的全盛时期，其产品胎质细腻、灰中泛黄，俗称"香灰黄"，釉面有细微的开片，釉下有稀疏气泡。汝窑青瓷釉色淡青高雅，造型讲究，不以纹饰为重。据说汝瓷釉中含有玛瑙成分，所以能呈现出纯净的天青色。汝窑具有比较明显的特征：釉色呈天青色，具有"蟹爪纹"（釉开片的纹理有细微的毛刺），呈鱼鳞状开片，裂纹的角度是斜的，会有一定的折光率，瓷胎为浅灰色，称为"香灰胎"，像烧香落下的灰，一般情况胎与底同厚。

徽宗信奉道教，崇尚自然含蓄、淡泊质朴的审美观。汝窑瓷器正是这种审美情趣的反映，表达出道家清逸、无为的思想境界，成为宋时代上流社会的时尚。

汝窑瓷器的造型、色泽、开片与质感独特而完美，其形状极简，意韵深长，庄重大方，古朴典雅；其光华内敛，青雅素净，色泽柔和。器表有不规则小开片，柔和莹润；汁水莹厚，视之如碧峰翠卷，有似玉非玉之美。汝瓷之美，达到了时代之巅，在世界陶瓷史上至今无法超越。

钧窑碗

釉为红褐色，釉面红色、紫色相间，釉较厚，光泽莹润

定窑属宋代名窑，窑址分布于今河北曲阳县一带，唐属定州，故名定窑，创烧于唐代，鼎盛时期在北宋，为五大名窑中最早出现的产品。定窑产品繁多，以白瓷为主，兼烧酱釉、黑釉和绿釉。其瓷质精良、纹饰秀美，曾被选入宫廷。定窑是一个比较庞大的瓷窑体系，北宋早、中期为装匣钵仰烧，器底部可见支钉痕迹或砂粒；北宋以后广泛使用覆烧法，口沿不施釉，俗称"芒口"，往往镶一圈金、银或铜为饰。白瓷装饰有刻花、划花、印花、剔花等多种手法，图案常见花果禽鸟。印花装饰始于北宋中期，纹饰线条清晰明朗，反映了当时比较高超的刻模与脱模技术。另外，定窑瓷釉层较薄，釉面光润，也使刻花、印花线条极为清爽悦目，形成它独特的美术风格。

定窑白瓷的烧成温度在 1320℃左右，其气孔率较低，烧结程度较为致密。

钧窑是宋代著名窑址之一，可分为官钧窑和民钧窑。钧窑在今河南禹县一带，宋代称钧州，宋初于此设窑，故名。官钧窑是宋徽宗年间继汝窑之后建立的第二座官窑。钧窑瓷釉利用铁、铜呈色不同的特点，烧出蓝中带红，紫斑或天青、月白等色，具有乳浊不透明的特点。宋钧窑常见的釉色有玫瑰紫、海棠红、梅子青等。钧瓷的器形主要有花盆、盘、炉尊、洗、碗等。钧瓷在宋代也被称为"花瓷"，它的釉面特征是出现不规则、流动状的细线，被称为"蚯蚓走泥纹"，加之钧釉在烧制过程中变化无常，不为人工所控，所以后人难以仿制，有"钧瓷无双"之说。

钧窑瓷器就其瓷釉的基调来说，仍然属于青瓷系统，它的天青、灰蓝、月白诸色只是浓淡不一、色度差异而已。钧窑瓷器上所出现的红紫色相是由于在釉中加入了铜。铜对窑温和烧成气氛比较敏感，它必须在还原焰1250℃以上，才能出现美丽的效果。

哥窑也被列为宋代名窑，但未见有宋人记载，只是后期明代才有文献记录。传说浙江处州人章生一和其弟章生二都是制瓷好手，他们俩同在龙泉各设一窑，因生一是兄，所以被称为"哥窑"，生二为弟，当然成为"弟窑"，此二窑皆为著名民窑。哥窑的釉色以青为主，铁足紫口，釉面有碎纹而著名，号曰"百圾碎"。

哥窑瓷器的胎色呈灰色或土黄色，釉色为粉青、黄青、月白、油灰等，其中油灰色最为常见。它的主要特点是釉面"开片"，大小不一，纹路颜色深浅不一，器形收缩部位也就不一，所以变化万千而又自然贴切。哥窑瓷器上往往出现较粗的裂纹呈现黑色，较细的裂纹出现黄色，前后层次错落，称为"金丝铁线"。

哥窑瓷器釉面上的冰裂纹，本来是制造工艺上的缺陷，主要是由于胎体和釉层的膨胀系数不一致所造成的。但这种弊病却形成一种自然美，成为有别于其他品种的独特美。

官窑，从广义上讲，是指有别于民窑而专为官办的瓷窑，产品为宫廷所垄断。而在宋代瓷器中，官窑则是一种专门的指称，专指北宋和南宋时在京城汴梁由宫廷专设窑所烧造的青瓷，汴京在现在的河南省开封一带。古老的黄河在历史上多次发生水患而改道，当地地貌产生巨大变迁，北宋时期的官窑址也就无从考证。

南宋沿袭北宋旧制，在临安建造了专门为皇室烧造瓷器的官窑。官窑器釉色粉青，色调淡雅，不崇尚花纹装饰，以造型和釉色见长。官窑瓷胎中含铁较多，胎色偏紫、褐、黑色，足底不上釉，由于瓷釉的流淌，使口沿处挂釉较薄，显露出带紫色的瓷胎，这就是通常行家所谓的"紫口铁足"。这一点成为鉴定官窑器的重要依据。

瓷窑遍布全国各地。除了最为著名的五大名窑，还形成不同风格的八大窑系。宋代瓷器集前代之大成，创出丰富多采的造型，有"唐八百、宋三千"之说。

宋代八大窑系是指定窑系、磁州窑系、耀州窑系、钧窑系、龙泉窑系、景德镇窑系、建窑系和越窑系。宋代瓷窑的八大窑系，正好以长江为界，北方四个、南方四个。北方是定窑、磁州窑、耀州窑、钧窑四个窑系，南方是景德镇窑、建窑、越窑、龙泉窑四个窑系。

定窑系

定窑系为宋代八大瓷系之一。北宋时河北曲阳的定窑以其精细的制作、惊人的装饰技巧和优雅的风致冠绝当世，更首创覆烧法，提高产量并节省燃料，对我国瓷业产生了重大影响。当时，引得各地瓷窑效仿，远至辽国的官窑和四川的彭县窑、近则山西诸窑，皆望风步趋，如平定窑、盂县窑、阳城窑、介休窑等，都属于定窑瓷系。定窑瓷系产品多为仿曲阳定窑白瓷，在瓷质、焙烧工艺、造型、装饰上都与之相当接近，尤其是江西景德镇窑在南宋时期的仿定制品，精致文雅，博得"南定"之名。定窑瓷系以白瓷为代表，在宋代各窑中出类拔萃、独领风骚，"雪满山中高士卧，月明林下美人来"可表其优雅韵致。

磁州窑系

磁州窑系是宋元时期北方最大的一个民窑体系。窑场分布于今河南、河北、山西三省。重要的窑口有河北磁县观台窑、河南鹤壁窑、禹县扒村窑、修武当阳峪窑、登封曲河窑、江西吉州窑等。磁州窑系主要烧制黑瓷、白瓷、褐彩绘瓷，其胎质粗松，胎色也较深，因而施化妆土，再罩以透明釉。按装饰技法划分品种有白釉划花、白釉剔花、白釉绿斑、白釉褐斑、白釉釉下黑彩、白釉红绿彩、绿釉釉下黑彩和低温铅釉三彩等，纷繁竞妍，各具特点。装饰技法方面善于利用化妆土与胎质颜色的反差，加以彩绘、刻剔等多种手法，令对比强烈、风格明快。纹饰题材多为花蝶、龙凤、如意头、人物等，线条流畅，细腻逼真，情趣盎然；亦有不少是以书法和诗词作为装饰题材，平添诸多雅致。器形丰富别致，凡生活器皿皆多种多样，同一类产品亦有数种变化，满足人们不同的日用需要和审美偏好。

中文的"瓷"字可以作"陶瓷"解，所以磁州可以理解为"陶瓷"州。该州原属河南，现位于河北磁县，始烧于宋，元代末年以后迁至今日的彭城。历史上的磁州窑及后来彭城诸窑多生产民间日用陶瓷，故又名"杂器窑"。磁州窑产品装饰以刻、划花或是铁锈花为主，黑白分明、质朴大方，一直沿袭至今。具有浓厚的水墨画风格，花鸟鱼虫、山水人物、诗文书法无不挥洒自如，将制瓷技艺与绘画艺术完美结合在一起，在我国陶瓷史上独树一帜。此外尚有绿釉釉下黑彩、白釉釉上红绿彩，以及低温黄、绿、褐彩色釉陶器。

耀州窑系

耀州窑系始于唐代，当时烧黑、白、青瓷。宋代青瓷得到较大发展，北宋末为鼎盛期。其窑址位于陕西省铜川市黄堡镇，宋代时属耀州，故名"耀州窑"。耀州窑宋代晚期以青瓷为主，胎薄质坚，釉面光洁匀静，色泽青幽，呈半透明状，十分淡雅。装饰有刻花、印花，结构严谨丰满，线条自由流畅。

钧窑系

钧窑系属北方青瓷系统，创建于北宋初，是北方诸窑中最晚形成一个瓷窑体系。钧窑系瓷的独到之处在于釉为乳浊釉，更新创铜红釉（均红）及窑变釉，蓝色红斑，绚丽如霞，有分外迷人的魅力。钧窑系绝大多数为民间窑业，主要烧制一些民间生活日用品，但不论何种器物，均独特大方，釉色可人，风格典雅含蓄。

景德镇窑系

景德镇的烧造史可以溯至唐代，原名"昌南"，宋真宗景德年间，该地因制瓷名扬天下而改名"景德镇"。就青白瓷这个品种而言，景德镇可称天下第一，这是一种独具风格的瓷器。其釉色"白中闪青、青中显白"而透亮，光照见影，所以又称"影青"或"映青"，有"假玉"之称。南宋时期的仰烧产品釉色纯正青白，覆烧产品则略偏黄色。青白瓷种类繁多，生活用具应有尽有，装饰技法主要有刻花、印花、镂空、堆塑等。景德镇窑的产品胎体较薄，原料为当地产的优质瓷石，质地细腻。其釉由"釉果"和"釉灰"调配而成，烧制过程中流动性很大，所以薄处泛白，积釉处呈水绿色。

建窑系

建窑也是宋代著名窑址之一。它位于福建省建阳县水吉镇，从晚唐、五代始烧青瓷，宋代以烧黑瓷为主，兼烧青花瓷。建窑以生产黑釉茶盏为大宗，这与宋代的"斗茶"风气有关。宋代由于饮茶风尚的兴起，令陶瓷茶具备受青睐，为衬托茶色，更是以黑釉瓷为佳。建窑便是当时最负盛名的黑釉瓷窑，窑址在今福建建阳县水吉镇，亦称"建安窑""乌泥窑"。建窑黑釉瓷胎为黑紫色，器全表施釉，滋润光亮，因釉水下垂而口绿色较浅。釉面有呈多条状结晶纹，细如兔毛者称"兔毫盏"，是建瓷中的名品；另还有"鹧鸪斑""银星斑"等，亦别致美观。多烧碗、盏造型，样式不一，有敛口、敞口等，圈足小而浅。器底刻"供御""进盏"等铭款，为宫廷御用茶具。建窑黑瓷影响到附近各县及福建北部一大批瓷窑，如南平、建瓯、崇安、福州等地，甚至江西、浙江、四川、山西等地亦望风追慕，纷起仿效，形成一个别具特色、专产黑釉瓷的建窑瓷系。

越窑系

越窑以浙江余姚上林湖一带为中心，包括绍兴、上虞、余姚、宁波、诸暨、镇海等地的青瓷窑。越窑从唐五代起便成为著名的青瓷产区，独创的"秘色瓷"更是为宫廷专用御器，至宋时开始衰落转向民间，盛名渐被龙泉窑青瓷所取代。宋代越窑瓷釉色透明，常以刻花、划花、镂雕、堆雕等手法装饰，纹饰多为蝴蝶、鹦鹉、游鱼、龙凤、人物等。

龙泉窑系

龙泉窑在今浙江省龙泉县一带，是继越窑发展起来的瓷窑，创烧于北宋早期，至南宋前发展形成独特风格，青釉品种达到了很高的境界，也是南方地区产量最大的瓷窑。龙泉窑制品的造型十分丰富，为适应厚釉的特点，堆花或贴花装饰也逐渐替代了刻花装饰，成为一种独特的风格。

宋代制瓷工艺为陶瓷美学开辟了一个新的境界，其美学风格沉静素雅。新的美学境界在于宋瓷既重视釉色之美，更追求釉的质地之美。钧瓷、哥瓷、龙泉、黑瓷的油滴、兔毫、玳瑁等都不是普通浮薄浅露、一览无余的透明玻璃釉，而是可以展露质感美的乳浊釉和结晶釉。其凝重深沉的质感，使人感觉有观赏不尽的韵味。唐人称赞越窑青瓷如冰似玉，还只是修辞上的比喻和想象，而宋人烧造的龙泉青瓷和青白瓷却真是巧夺天工。宋瓷的这些作品都是我国陶瓷历史上的杰作和瑰宝，也是后世陶瓷业长期追仿的榜样，千载之后，仍然使我们赞叹和倾倒。

宋建阳窑黑釉兔毫盏

宋代建窑黑盏，胎为青黑色，厚重致密，釉以黑色为主，有细密成条状结晶纹，施釉不到底，圈足底小而浅

第四节　元明茶具 返璞归真

明太祖朱元璋下令罢团茶改散茶。盛行于宋代的"斗茶"偃旗息鼓。一种新兴的饮茶方式——"散茶"饮法应运而生。饮用的茶也改为蒸青、炒青。饮茶随之发生了巨大变化。

随着宋人崇尚的、以黑釉盏为代表的黑色茶器淡出视野，取而代之的是白瓷茶器的流行；由于世人多饮用条形散茶，为了保持茶的干燥，出现了锡制贮茶器具。该时期最突出的特点：一是小茶盏的出现并广泛使用，二是紫砂器具的问世。

在记叙明代茶具史之时，不妨回溯一下元代历史。元代在茶具史上是一个承前启后的重要时期。

元代只有90多年的历史，是中国经过长期分裂又一次出现大一统局面的时期，为明清两代后期的大发展奠定了基础。元代前期，落后生产方式曾经给全国的经济、文化带来破坏性冲击，但在农业、科学、文化和艺术等方面则促进了融合与发展。

由于社会动荡，大批窑工纷纷向景德镇迁移集中。到元明两代，不断创烧新的陶瓷品种，逐渐形成全国的制瓷中心。

元代景德镇除了继续生产青白瓷、白瓷和黑釉瓷外，新品种有卵白釉（枢府）瓷、青花瓷、釉里红瓷和红釉、蓝釉等高温颜色釉瓷，以及孔雀绿等低温颜色釉瓷。其中，特别是青花和高温颜色釉瓷的成熟烧制，在我国陶瓷史上具有划时代的意义。

元代景德镇碗

胎致密坚硬，釉色光莹润泽，底为深圈形

斗彩鸡缸杯（现代仿品）

鸡缸杯为撇口卧足碗，外壁先用青花细线描出纹饰的轮廓，入窑烧成胎体，再用红、绿、黄等色填入预留的青花纹饰中，二次入窑低温焙烧；图案中一组雄鸡昂首傲视，一雌鸡与三小鸡啄食蜈蚣，形象生动、情趣盎然

080

青花瓷器为什么有如此的大魅力呢？主要是瓷质细洁而色白，釉下彩的蓝色彩绘幽菁可爱，图案装饰雅俗共赏。由于彩色在釉下，有不易褪脱的优点，而工艺过程又相对简化，便于降低成本、大量生产。

成熟元青花瓷的要素有三点：洁白的瓷胎和纯净的透明釉、运用钴料产生蓝色的图案花纹、釉下彩绘的熟练工艺技术。青花瓷的器形多为盘、罐、梅瓶、长颈瓶、葫芦瓶、玉壶春瓶、扁瓶、执壶、钵、盒、水滴、豆形洗、高足碗（马上杯）、匜、盏托等，以大件器为多。

普遍的特征是胎体厚重、器形硕大。典型元青花瓷器在制作上的特点大致有如下几个方面。

① 器底无釉。

② 器物底足内壁往往呈自上而下往外斜撇的形式。

③ 碗、钵、罐、瓶、盘之类的削足处理，具有鲜明的元代特征，即底足外墙斜削而呈斜面形式。

④ 大件器器底无釉露胎部分，往往黏有釉斑或较大面积的釉块，内壁多见淡红、黄色釉层，而又有不规则浓度的透明釉刷痕。

⑤ 碗、钵之类器物的底足外墙往往留有浸釉时遗留的手抓指痕。

⑥ 罐、瓶之类大器，都是分段制造拼接而成，特别是接底的痕迹十分明显。

⑦ 罐类器内壁釉面不平，有明显接痕，并经常出现赤褐斑，且有小黑疵。

⑧ 圈足之釉不到底，一定稍有露胎，呈褐红色。

⑨ 圈足并不十分整齐，高足杯（马上杯）的杯身和足接合，系采用胎接的办法，即两部分湿胎接合，并非将杯身及足柄各自先施釉，而依靠釉的黏度接合。

景德镇在明代成为国内的瓷都，承担为宫廷、皇室提供最优质瓷器的任务。为了满足宫廷需要，不惜代价，向高精度发展，促使制瓷业不断扩大新品种，提高产品质量，从而带动了民窑的进一步发展。

明代景德镇瓷器的其他各类品种也都是十分出色。按制瓷工艺分釉下彩、釉上彩、斗彩和颜色釉四大类。

釉下彩是指青花和釉里红瓷，因其彩绘在胎上，着釉后一次烧成而得名。明代景德镇的青花瓷是釉下彩发展的最高阶段。由于景德镇胎、釉制备得精细，青花瓷的生产在明清两代盛行不衰。

釉上彩是因彩绘在釉上而得名，工艺上是在已经高温烧成的瓷器上再进行彩绘，然后以 700～900℃的低温烘烧，使其呈彩色不致褪脱。它包括釉上单彩（如白地红彩）和釉上多彩（如三彩、五彩等）。

斗彩，又称逗彩，意谓釉下彩和釉上彩拼逗成彩色画面，从这个意义上说，宣德时期的青花红彩器即属斗彩的范畴，但这只是釉下单彩（青花）和釉上单彩（红彩）相结合。成化时期斗彩则是釉下青彩和釉上多色彩绘相结合的典型斗彩器，万历朝青花五彩器中有一部分也应归入斗彩的范围。

颜色釉是指各种色泽的高温釉和低温釉，有一种色泽的单色釉，也有多种色泽施于一器的杂色釉。永乐朝的红釉和甜白则又是明代颜色釉中的佼佼者。

福建德化的白瓷、宜兴的紫砂、山西的琉璃和法华器，以及广东潮安、惠阳的汕头器与福建泉州的外销陶瓷器等茶具产品被大量生产。

明代德化白瓷的胎、釉和其他各地的白瓷不一样。由于德化白瓷的瓷胎是用氧化硅含量较高的瓷土制成的，烧成后玻璃相较多、胎质致密、透光度良好。

德化白瓷的釉，色泽光润明亮、乳白如凝脂，对着阳光照看，可见釉中隐现粉红或乳白色，因此有"猪油白""象牙白"之称。输出欧洲较多，法国人称为"鹅绒白""中国白"，其色泽以白中微显肉红色为贵。

德化白瓷的器物主要为杯，有梅花杯、海棠杯、仿犀角杯等多种形式，此外还有碟、碗、壶等。

江苏宜兴紫砂器是一种无釉细陶器，用质地细腻、含铁量高的特殊陶土制成，呈赤褐、淡黄、紫黑或绿等色。我国有多个地区有紫砂矿土，但在土质的优良和历史的成就上则以宜兴紫砂器最负盛名。

宜兴紫砂器创烧于宋代，至明代中期大盛。宜兴紫砂的成就主要是茶壶，这和明代中期以后士大夫阶层十分讲究饮茶的风尚有关。

自古以来，宜兴紫砂宜茶留香，一绝众器，文人墨客情有独钟。北宋梅尧臣诗云："小石冷泉留早味，紫泥新品泛春华。"明代中期以后，宜兴紫砂逐渐形成了集造型、诗词、书法、绘画、篆刻、雕塑于一体的独具特色的陶瓷艺术。

紫砂陶之所以能够在宜兴烧出并延续至今，其根本原因就是在于有"土"。这"土"并不是一般的"瓷土"，它是宜兴特有的一种深埋于地下黄石岩中的、具高铁含量、团粒结构的矿石，称为紫砂泥。

制作紫砂壶的主要原料包括紫泥、段泥（本山绿泥）和红泥（朱砂泥）。丰富的陶土资源深藏在当地的山腹岩层之中，杂于夹泥之层。泥色红而不嫣、紫而不姹、黄而不娇、墨而不黑，质地细腻和顺，可塑性较好，经再三精选，反复锤炼，加工成型，然后置于1100～1200℃的高温隧道窑内烧炼成陶。由于紫砂泥中主要成分为氧化硅、铝、铁，以及少量的钙、锰、镁、钾、钠等多种化学成分，焙烧后的成品呈现出赤似红枫、紫似葡萄、赭似墨菊、黄似柑橙、绿似松柏等色泽，绚丽多彩，变幻莫测。

紫砂泥的分子排列与一般陶瓷泥料的颗粒结构不同，是"鳞片状"结构，在电子显微镜下似鱼鳞状的一片覆一片，因此决定了它与众不同的成型工艺。

由于紫砂泥特殊的鳞片状分子结构，形成了紫砂陶独特的成型工艺——泥片镶接成型法。这是全世界陶瓷成型工艺中绝无仅有的一种方法，它可以容纳各种设计想象力，是自明朝中叶就已完成的一套全手工技艺。艺人们借助一些简便的、由竹木等材料制作的小工具，凭借高超的手工技艺，可以将紫砂泥任意地加工成各种造型样式，使独创的艺术构思和精致的加工工艺得到最完美的结合。

泥片镶接成型法主要有制作圆器的"拍身筒成型法"及制作方器的"镶身筒成型法"两种，但不论制作何种造型样式，首先需在成型时将泥块敲打成一定厚薄均匀的泥片，裁切成所需的规格和形状，然后再一点一点逐步拍打拼镶。规范成方圆的主体（壶或盆身）后，再加上颈、足、嘴、把、盖等。其间分别用专业工具进行刮、勒、压、削，直至达到造型规正、线条清晰、细部加工严谨、光泽匀和的要求，组合成一件完整的器皿。

紫砂泥片镶接成型技艺性虽然很强，但是却有着很大的自由度，通过系统的培训，当熟练掌握基本技巧后，便可以制作各种造型。器型可具高矮、曲直的变化，使造型生动多变。如壶形，除圆形器皿外，还可以有四方、六方、折角、合梅、菊花及各式肖形状物的器皿等；盆有四方、长方、腰圆、海棠、菱花、葵式等。"名壶莫妙于砂，壶之精者又莫过于阳羡"，明代文学家李渔对紫砂壶有这样的评价。

宜兴紫砂由于其特殊的材质，烧成的紫砂壶具备了以下几个特点。

① 优良的宜茶性，泡茶不走味。紫砂是一种双重气孔结构的多孔性材质，气孔微细，密度高。用紫砂壶沏茶，不失原味，且香不涣散，可得茶之真香、真味。"茶壶以砂者为上，盖既不夺香，又无熟汤气。"
② 抗馊防腐。紫砂壶透气性能好，使用其泡茶不易变味，暑天越宿不馊。

上述特点与紫砂壶胎质有关，发味留香，是紫砂壶独具的品质。

紫砂陶土经过高温焙烧成陶，称为"火的艺术"。烧结后的紫砂壶，既有一定的透气性，又有低微的吸水性，还有良好的机械强度，适应冷热急变的性能极佳，在上百度的高温中烹煮后，迅速投放到零度以下的冰雪中或冰箱内，也不会爆裂。

从器型外表上看，紫砂泥色多彩且多不上釉。透过历代艺人的巧手妙思，能变幻出种种缤纷斑斓的样式，加深了它的艺术性。成型技法变化万千，造型上的品种之多，堪称举世无双。

紫砂茶具透过茶与文人雅士结缘，进而吸引到许多画家、诗人在壶身题诗作画，寓情写意，使得紫砂器的艺术性与人文性得到进一步提升。紫砂茶具是一种文化艺术的传媒物质。

实用价值与艺术价值的兼备，自然也提高了紫砂壶的经济价值。因此紫砂壶的身价甚至超过珠宝。出于上述的心理、物理、艺术、文化、经济等因素的影响，宜兴紫砂茶具数百年来能受到人们的喜爱。

根据明人周高起《阳羡茗壶录》的记载，紫砂壶首创者是明代宜兴金沙寺一位不知名的寺僧，他选紫砂细泥捏成圆形坯胎，加上嘴、柄、盖，放在窑中烧成。明代嘉靖、万历年间出现了一位卓越的紫砂工艺大师——龚春（供春）。龚春幼年曾为进士吴颐山的书僮。他在金沙寺伴读时，收集寺僧洗手时洗下的细泥，仿照着老银杏树树瘿形状做了一把砂壶，同时刻上精致的花纹。这把壶造型独特、简单古朴，以自然和美之风格开创了紫砂工艺的先河。从此，供春壶成为紫砂历史上的一个文化符号，而作者被后世奉为紫砂壶的开山鼻祖。

树瘿壶（供春）

苏宜兴紫砂材质，相传为供春仿照老银杏树树瘿形状手工捏制而成，造型古朴自然，开创紫砂工艺之先河说起供春壶，还有这样一个真实的故事。供春壶本已销声匿迹，但古物收藏家们也一直没有放弃寻找。民国时期，宜兴著名文化学者储南强偶然在苏州地摊邂逅供春壶，收归手中。供春壶再现的信息传开，美国、日本等地纷纷有人前来，欲出巨资求让，均被断然拒绝。抗战时期，为了维护国宝，储老索性躲入深山隐居起来。

中华人民共和国成立后，储老将其珍藏捐献给国家，供春壶现藏于中国国家博物馆。

明代中晚期，宜兴紫砂形成较完整的工艺体系。紫砂茶具从日用陶器中独立出来，工艺上规正精巧，所制茗壶进入宫廷、输出国外，声誉日隆，名工辈出。

明代出现紫砂四大家：董翰、赵梁、元畅、时朋。此后又有"三大"：时大彬、李仲芳、徐友泉。也有人把时朋算进去，称作"三大一时"。

时大彬是时朋之子，万历年间宜兴人。其制壶严谨，讲究古朴，壶上有"时"或"大彬"印款，备受推崇，人称"时壶"。有诗曰："千奇万状信出手，宫中艳说大彬壶。"其初期仿供春制大茶壶，后改制小型茶壶，传世之作有提梁壶、扁壶、僧帽壶等，代表作有"三足圆壶""六方紫砂壶""提梁紫砂壶"。

明代紫砂著名壶士还有李茂林、欧正春、邵文金、邵文银（邵亨裕）、陈仲美、沈启用、蒋伯夸、陈信卿、沈子澈、陈子、惠孟臣等。惠孟臣以制作小型壶著名，其作品中的水平壶至今仍是沏泡功夫茶的首选器具。

明代茶具除以瓷器紫砂材料为主外，琉璃器和法华器也开始出现。

琉璃器是指在陶胎上施以一种以助熔剂、着色剂，配以石英制成的低温釉的器皿。一般是先烧陶胎，再施釉第二次烧成。我国早在战国时代已有陶胎琉璃珠，琉璃的制作没有间断过，到了明代更发展到高潮。取得最大成就的是山西。

法华器有陶胎和瓷胎两种，元代开始已烧造陶胎的法华器，明中期以前在晋南十分流行，明中期以后景德镇开始用瓷胎仿烧。法华器的装饰方法是用彩画中的"立粉"技术，即在陶胎表面用特制带管的泥浆袋，勾勒成凸线的纹饰轮廓，分别以各种色料填出底子和花纹色彩，入窑烧成。

法华器的釉和琉璃器的釉，主要区别在于琉璃釉的助熔剂用铅，而法华釉则采用牙硝。

第五节　清代茶具　精美雕镂

清代中国六大茶类基本形成，这些茶多以条形散茶为主。一般沿用明代的直接冲泡方法。在茶具方面，制作工艺及精细水平有了长足进步。器具的外形与应用选择上有了进一步发展。

清代泡茶以茶壶为主，不但造型精美，材质品种也广泛丰富，有瓷壶、紫砂壶、陶壶等多种多样。泡茶器具所用的盖碗为新制器具，为泡茶技艺的发挥提供了更便捷的模式。

清代康熙、雍正、乾隆三朝合称"康乾之治"，瓷器生产在工艺技术和产量上达到了历史的高峰。嘉庆以后随着社会经济的衰退，景德镇官窑瓷器质量急剧下降，民窑方面虽然产量仍是巨大的，但已很少有精致之作。

清代官窑重视单色釉的制作，康熙的郎窑红和豇豆红独步一时，天蓝、洒蓝、豆青、娇黄、仿定、孔雀绿、紫金釉等都是成功之作。

康熙朝的民窑五彩器和由宫廷引进国外彩料创烧的珐琅彩瓷，为雍正朝盛行的粉彩瓷奠定了基础。

雍正一朝烧成了发色最鲜艳的釉里红，青釉的烧造也达到了历史上最高水平。雍正时期的官窑器胎、釉精细，其底足柔润，做工十分精细。雍正朝的粉彩器，不论官窑、民窑，都极为讲究。从此粉彩成为彩瓷的主流。它和青花两个品种在景德镇烧造的瓷器中占了极大的比重。

乾隆朝的单色釉、青花、釉里红、珐琅彩和粉彩瓷，在继承雍正朝的基础上，都有极精致的产品。

自清代开始，紫砂陶茶具在品茶器具中脱颖而出，备受瞩目。宜兴紫砂陶器是我国独特的陶瓷工艺品，以其良好的实用功能、丰富的纹理色泽、千变万化的造型装饰及奇妙的制作技艺而著称于世。紫砂陶以茶壶为主要产品，此外还有瓶、鼎、杯、盆、文房雅玩等。

紫砂陶主要产区在江苏省宜兴丁蜀镇，这里有着丰富的陶土资源和长期积累的生产技艺。饮茶风尚盛行，更有利地助推了茶具的发展。

紫砂陶主要有紫泥、朱泥及本山绿泥三种，以紫泥为主，均蕴藏在当地岩石层覆盖的陶土甲泥矿内，被称为"泥中泥"。紫砂泥不同于一般黏土，不能用水直接膨润，需经陈腐、粉碎、过筛、加水拌和并经真空炼制后才有理想的可塑性。这三种泥料既可单独使用，又可合理配比，烧成后可形成猪肝、天青、栗色、梨皮、朱砂紫、海棠红、葵黄、黛黑等色泽。紫砂泥为石英、高岭土、赤铁矿、云母等多种矿物的聚合体，是黏土－石英－云母系共生矿物原料，经 $1100 \sim 1170℃$ 烧成后，生成了残留石英、莫来石、赤铁矿等的双重气孔结构物相。正是紫砂陶胎独特的双重气孔结构，使紫砂壶具有保持茶味、茶香、茶色，不易变质的宜茶性能，使品茗者在味觉、嗅觉、视觉各方面得到完美的享受。另外由于紫砂陶胎内含铝量高、玻璃较少，有一定的气孔率，足以克服冷热急变所产生的应力，因此紫砂壶经久耐用。明代李渔说："茗注莫妙于砂，壶之精者又莫过于阳羡""茶壶以砂者为上，盖既不夺香又无熟汤气，故用以泡茶不失原味，色香味皆蕴"。

清代紫砂进一步繁荣，阳羡丁山、蜀山等紫砂传统产地空前兴旺，当时家家做坯、户户业陶。在选料、配色、造型、烧制、题材、纹饰及工具等各方面日益精进。尤其在清中期以后，形制、诗词、书画、金石、雕塑融为一体，文化气息更浓郁，声名更响。

清代涌现出许多制壶名家。陈鸣远是继时大彬之后的一代大师。《阳羡名陶录》称"鸣远一技之能，间世特出。自百余年来，诸家传器日少，故其名尤噪。足迹所至，文人学士争相延揽。"说明其是集明代紫砂传统之大成，历清代康、雍、乾三朝的砂艺名手。陈鸣远，号鹤峰，又号石霞山人，壶隐，清康熙年间宜兴紫砂名艺人。所制茶具雅玩达数十种，精美绝伦。特别善于仿制自然形态物品制作紫砂壶，作品有南瓜壶、束柴三友壶等。其作品的自然生趣将紫砂艺术推向新高度。他的个人风格承袭了明代器物造型朴雅大方的名族形式，着重发展了精巧的仿生写实技法。他的实践树立了砂艺史的又一个里程碑。

陈曼生（1768—1822），清浙江钱塘（今余杭）人，名鸿寿，字子恭，号曼生、一号种榆道人、曼公、曼龚、夹谷亭长、胥溪渔隐等。西泠八家之一，善书法、篆刻，嘉庆十六年（1811）左右，任溧阳县宰，好紫砂工艺。在溧阳任职时，结识了宜兴制壶艺人杨彭年、杨凤年兄妹。

杨彭年，清嘉庆、道光年间宜兴制壶名手，荆溪人，生卒不详。彭年弟宝年、妹凤年都是当时的制壶高手。一门眷属皆工此技，名闻一时。彭年善于配泥，所制茗壶浑朴工致。

曼生以文人的审美特质，融造型、文学、绘画、书法、篆刻于一壶，将绘画的空灵、书法的飘洒、金石的质朴，有机地融入了紫砂壶艺，设计出了一大批另辟蹊径的壶型，或肖状造化，或师承万物。其造型简洁、古朴雅致，文人气质浓郁。"名士名工，相得益彰"的韵味，将紫砂创作导入另一境界。自绘紫砂壶十八图样，请杨彭年及杨之弟妹制壶，自己在壶上刻铭，称"曼生壶"。

曼生壶壶腹上多镌刻山水花鸟等图案，使清雅素净的紫砂茗壶平添几分诗情画意，从而超越出单纯茶具的意义，具有丰富的文化内涵。曼生的书法富有金石味道，以刻刀代替软笔刻于紫砂泥胚，用娴熟的刀法，淋漓尽致地表现出书法特有的美。嵌刻入壶的字体，在光影之下呈现出清晰明快、清秀灵动的刀法美。由此曼生壶身价百倍，所谓"壶随字贵，字依壶传"。

曼生壶的创作为后人留下一批具有文学意义的壶铭，提高了紫砂茗壶的文化价值；把篆刻用于紫砂茗壶装饰，使茗壶成为成熟的艺术品，增添了紫砂茗壶的艺术价值；创新设计了一批新壶式，如石瓢壶、扁壶、合欢壶等，使几何形壶式获得突出的发展，极大地丰富了紫砂茗壶的造型艺术。

曼生壶使宜兴紫砂壶名气更盛。清代众多书画家中，能够集书法、绘画、篆刻及壶艺于一身的，唯推陈曼生。若论官衔，他只是个七品县令，但他把自己的才情和紫砂糅合在一起，历史便记住了他。陈曼生对文人参与紫砂壶创作有巨大影响，许多文人相应效仿，其中有较大影响和较高成就的是瞿应绍、朱坚、梅调鼎等人。

曼生壶代表文人与民间工匠彼此结合后创造的一种紫砂风格。曼生壶在紫砂艺术史上的地位，与文人画在中国画中的地位相仿，是文人参与紫砂艺术的杰出成果。从此紫砂民间工艺向更高文化层面质变，茶具文化在中国传统茶文化中达到新的人文高度。

清代制壶名家还有邵大亨、黄玉鳞、邵友廷、王南林、俞国良、李宝珍、范鼎甫、汪宝根、范大生、程寿珍等。

清咸丰至民国初期宜兴人程寿珍，擅长制形体简练的壶式。作品粗犷中有韵味，技艺纯熟。所制的"掇球壶"最负盛名，壶是由大、中、小三个圆球重叠而垒成，故称掇球壶。其造型以优美弧线构成主体，线条流畅，整把壶稳健丰润。该壶于1915年在巴拿马国际赛会和芝加哥博览会上获得金奖。

清代茶具款式丰富，盖碗、茶碗、茶叶罐等满足了品茶以壶为主流之外的新的选择。盖碗由一盖、一碗、一托组成，结构设计合理，其敞口利于注水，敛底利于茶叶沉积，加盖利于保温、保洁。品茶时，一手托碗、一手持盖，在盖与碗的间隙处啜饮，方便实用。

自清代始，茶具中先后出现了福州的漆雕制品、四川的竹编茶具及海南的椰壳和贝壳等茶具，还出现了一些组合茶具，如清代民间的"茶担子"及扬州的"游山具"。担子两头各有一个上、中、下三层或多层的木匣子，内盛多种品茶的茶器（壶、杯、盖碗、茶罐），同时还有生火的红泥火炉与蒸茶的陶铫等。茶担在市井移动方便，可随时满足市民的饮茶要求。

清代品茶参与者由宫廷到民间，由文人雅士到市井大众，所有人都可根据自己的喜好品茶论道。品茶不仅是人们日常生活的需求，同时也使人们更多地陶醉于精神愉悦。

第三章 岁月永恒：茶具的选择与收藏

茶具的选择在古代很大程度上反映了茶人不同的地位身份、不同的兴趣爱好、不同的学识素养及艺术品位。现代人饮茶对茶具的要求并非如此严格，但从某种意义上讲，一个人的知识水平、经济实力、专业程度、艺术品位及饮茶风格也可从他选择的茶具上投射出来。

第一节　各种茶具的材质特点

中国茶具生产历史悠久、种类众多、形式多样。依其材质不同，茶具一般分为陶质茶具、瓷器茶具、漆器茶具、玻璃茶具、金属茶具、竹木茶具、树脂茶具及其他材质茶具等。

一、陶质茶具

陶质茶具是新石器时代的重要发明。最初是粗糙的土陶，之后逐步演变为比较坚实的硬陶，再发展为表面敷釉的釉陶。商周时期，早期瓷器出现了；秦汉时期，已有釉陶的烧制；晋代杜育《荈赋》"器择陶简，出自东隅"，首次记载了陶茶具。

陶器与瓷器是古代先民在长期烧造的过程中，对不同坯土的性能加以分析、在不断总结烧造经验的基础上发明的，因此瓷器与陶器具有诸多相同点：它们都是用可塑性黏土经过高温烧造制成的。从原料的选择、淘洗提炼、加工制泥、拉坯成型，到窑焙烧等制作工艺流程看，两者基本相同。它们都是日常生活器物，具有实用性和装饰性。

陶器和瓷器之间尽管联系密切，但是也有本质的区别，具体如下。

① 陶器先于瓷器出现。陶器在原始社会时期已经开始烧造，而成熟的瓷器制品则出现于东汉时期。陶器和瓷器的胎土原料不同。陶器以自然界中广泛存在的黏土为胎土原料，烧成后性状类土；瓷器以瓷石或高岭土等岩状矿石为原料，烧成后性状类石，质地坚硬。

② 陶器和瓷器用釉不同。陶器通常不施釉或施以金属铅为助熔剂的低温釉，烧成后吸水性强、透气性强、表面硬度差；瓷器施满釉，多是以氧化剂为助熔剂的高温釉，烧成后玻璃质感强、不透气，表面致密化，强度、硬度大幅度提高，吸水性弱。

③ 陶器和瓷器烧结温度不同。陶器有低温陶和高温陶之分，低温陶的烧结温度在 1000℃ 以下，高温陶的烧结温度一般在 1000～1100℃，如唐三彩就需要 1100℃ 左右；瓷器需要高温烧结，其所需温度一般在 1200～1400℃。

④ 陶器和瓷器具有不同的特性。受烧制温度的影响，陶器胎体分为不完全烧结或完全烧结两种，成品强度低、化学稳定性差、不透光，敲击时发出低沉的响声；瓷器胎体基本烧结，因此强度一般高于陶器，具有透光性，用手轻敲时发出清脆的声响。

一般意义上讲，紫砂器也属于陶器类别，但一般因其在茶具界的独特地位，往往被单独成章论述。本书将在后面详细解述。

当代陶类茶具以造型古朴自然、烧制便捷、来源广泛、价格低廉，广受大众欢迎，尤其在各少数民族的生活区域，仍在大量使用。

左 陶壶

陶质壶耐高温性能较好，可用于煮水或煮茶；陶壶煮水可沏泡各类茶叶。陶壶煮茶一般选黑茶类及年份久远的老白茶效果更佳

右 陶水洗

陶质水洗外观古朴自然，用于贮水方便实用、经济实惠

二、瓷器茶具

中国茶具最早以陶器为主。瓷器发明之后逐渐代替了陶质茶具，成为饮茶用具的主流。瓷器茶具可分为白瓷茶具、青瓷茶具、黑瓷茶具和彩瓷茶具等。从陶器到瓷器是社会生产力不断发展的结果，也是社会生活水平不断提高的标志。瓷器在商、周时期便开始慢慢进入人们的生活，到了东汉，其应用更加广泛，并很快取代陶、金、银、铜、漆、木等材质制成的器物，成为人们主要的生活饮食器具。

东汉时期出现了早期青釉瓷器，但由于生产不足、价格昂贵，用作茶具的很少。隋唐时期，茶业兴盛，青瓷、白瓷两大单色釉瓷系已经形成，人们饮茶开始较多地使用青瓷茶具和白瓷茶具。宋代饮茶和斗茶之风盛行，瓷质茶具已成为主流器具。明清时期，江西景德镇的青花瓷使瓷器茶具更加丰富，一直沿用至今。

瓷器能够取代陶、金、银等材质的器物，成为主流的生活饮食器具，是因其具有三个明显的优点：瓷器强度高，坯体坚硬耐用；由于制坯材料可塑性强，可以做成形态各异的器形；相比陶器，瓷器实用性更强。

从外观上看，瓷器茶具造型美观独特、装饰精致小巧、釉色丰富绚烂，观赏性佳；从泡茶效果看，瓷器无吸水性，用其泡茶可以很好地保留茶的色、香、味；从材质上看，瓷器具有一定的保温性，不烫手，也不容易炸裂。

现代龙泉青瓷茶杯，胎质细腻坚硬，造型典雅秀美，釉色清翠

龙泉青瓷

汝窑套组（韩琴制）

现代汝窑瓷杯胎质细腻,俗称"香灰胎",造型端庄,釉色晶莹似玉,光润有度,常有鱼鳞、蝉翼状开片,精美绝伦

现代钧窑瓷杯以其古朴的造型、精湛的工艺、复杂的配釉,"入窑一色,出窑万彩",釉面呈现变幻无穷的色彩,韵味十足

【青瓷茶具】

青瓷可以简单理解为施青釉的瓷器,它是我国瓷器生产的主要品类,东汉时期已能生产色泽纯正、透明发光的青瓷。经过从晋到唐的发展,宋代青瓷达到鼎盛期。青瓷茶具质地细腻,造型独特典雅,釉色清翠,现代工艺制作的青瓷很受大众欢迎。青瓷适合冲泡绿茶。汝窑瓷、龙泉青瓷、哥窑瓷、弟窑瓷、钧窑瓷均属于青瓷系列。

【白瓷茶具】

唐代在继续发展青瓷的同时，白瓷的发展也很迅速。河北内丘和临城的邢窑、浙江余姚的越窑、湖南的长沙窑、四川的大邑窑等都生产白瓷茶具。唐代烧造的白瓷胎釉白净，如银似雪，标志着白瓷的真正成熟。宋代定窑是白瓷的最高境界，以河北曲阳定瓷为代表。到了元代以后，江西景德镇的白瓷茶具驰名中外。福建德化的白瓷也广泛为日常生活所用。

现代定窑白瓷茶具胎骨较薄而精细，颜色纯净，瓷化程度高，釉色白中闪黄，莹泽光润，有玉质感；表面刻有莲花装饰，精美绝伦，独具一格。

素瓷雪色（赵艳红设计）

【黑瓷茶具】

宋人斗茶，茶色以"纯白"为佳，盏水以无痕为上，用黑瓷茶具盛装最容易分辨。因此，宋代中晚期不流行青瓷和白瓷茶具，而最流行黑瓷茶具。福建建盏、江西吉州窑、河北定窑和磁州窑、山西榆次窑等都是黑瓷茶具的主要产地。元代部分地区也一直沿用宋代的黑瓷茶具。明清时期，斗茶不再时兴，黑茶茶具也开始衰微。当代福建建盏、吉州木叶盏及北方酱釉黑釉盏又悄然被资深茶人所喜爱。

建盏（现代作品）斑纹是在还原气氛中以 1300℃以上高温焙烧而成，结晶釉在窑内出现兔毫油滴斑纹等各种变化。油滴盏的釉面密布着银灰色金属光泽小圆点，以"金油滴"、"银油滴"和"蓝油滴"最为名贵。建盏一般正烧，口沿釉层较薄，器内底聚釉厚，外壁施半釉，挂釉形成"釉泪""釉滴"，有灵动感。

【彩瓷茶具】

我国的彩瓷茶具有釉上彩和釉下彩之分，品种众多，包括青花瓷、斗彩、珐琅彩、五彩、粉彩等，其中青花瓷最具人气。青花瓷属于釉下彩，而斗彩、五彩、珐琅彩、粉彩等则属于釉上彩。明代景德镇的青花瓷在实用茶具中最为出色。到了现代，景德镇的青花瓷继承历代优秀传统，开发了更多品种，在展品茶具、礼品茶具等内外销瓷器上取得了显著的成就。

景德镇瓷龙凤青花瓷杯

青花瓷：又叫白地青花瓷，简称为青花，是指用钴矿为原料，在坯体上纹饰，经过高温一次烧成的瓷器，属于釉下彩瓷。青花瓷品种繁多、历史悠久，以景德镇出产的青花瓷最为著名，远销海内外。

斗彩：是釉上彩和釉下彩相结合的一种装饰品种，创制于明成化时期。斗彩在高温烧成的釉下彩青花瓷上，用颜料进行二次描绘，填补青花图案留下的空白地方，再次用低温烧制而成。斗彩色彩绚烂、图案丰富、装饰性强。

珐琅彩：指瓷胎画珐琅，是将画珐琅的技法用到瓷胎上的一种釉上彩瓷器。它是宫廷垄断的工艺珍品。其胎壁极薄、结合紧密、色泽艳丽、画工精致。因制作珐琅彩在画工、用料、施釉、烧制等技术工艺上要求极其严格，所以在清代以后很难再见到了。

五彩：是釉上彩的一种，其所指的是在瓷器釉面上施加多种颜色的彩，而非五种颜色的瓷器，也称之为五彩瓷。五彩瓷主要以红、黄、蓝、黑、绿为主要颜色，别具一格。

瓷器茶具在我国饮茶史上占有重要位置，也是历代人们较为喜欢的茶具之一。目前，随着陶瓷工艺的进步，瓷器的造型和品种越来越丰富，但市场上正品、伪品、优品、劣品并存。

在选择瓷器茶具时，应观察瓷器茶具的釉色。对于素净的纯色瓷器，在选购时应观察瓷器釉面是否平整光滑，有没有斑点、落渣、缩釉等缺点；对于彩瓷茶具，选购时应看釉色是否均匀、色彩是否和谐、花纹的线条是否连贯。如果需要选购整套瓷器茶具，首先应该仔细观察每一件瓷器，然后还要观察整套茶具的釉色、花纹、光泽度是否协调一致，并把整套茶具放在同一水平面上，看整体是否周正平稳。

在选购瓷器茶具时，可听敲击茶具发出的声音。方法是用中指和食指的指尖轻轻敲击茶具表面，如果敲击的声音清脆悦耳，则说明该瓷器茶具瓷化程度好并且没有损伤；如果声音沉闷沙哑，则为质量较差的茶具。质量好的瓷器茶具釉面光滑不涩，抚摸茶具表面，感觉柔滑细腻。通过上述几个方面，基本上可以判断瓷器茶具的优劣。而对于瓷器茶具的器形和纹饰，可以根据个人喜好来选择。

瓷器茶具是人们日常冲泡中最常使用的茶具，其手感细腻、色彩斑斓、造型多变。在日常的使用过程中，也要对瓷器茶具加以养护。瓷器易碎，因此在日常使用中，应注意轻拿轻放，避免不必要的碰撞。

清洗瓷器茶具时，宜使用材质柔软、细腻的清洗布，而少用材质粗糙的布。最好不要使用超过80℃的水来清洗瓷器茶具，以免对瓷器外表产生影响。针对不易清除的污渍，可以用柔软的清洁布蘸醋擦拭，或用干净的软毛牙刷蘸含醋、盐混合物的溶液轻拭。
除了特殊的瓷器茶具之外，一般的瓷器茶具皆不适宜放入微波炉或消毒洗碗机中，温度过高容易导致瓷器茶具破裂。

在使用瓷器茶具时，切记不能将瓷器茶具直接放在火上加热，因其特殊的材质结构决定其不耐火烧。高档瓷器茶具不宜将泡过茶的热杯直接浸入冷水中，温度的骤变会减少其使用寿命。

三、竹木茶具

竹木茶具是指使用竹子、木材等天然材质，采用车、雕、琢、削等手工或机械加工工艺制成的饮茶用具。竹茶具大多为用具，如竹筴、竹瓢、茶盒、茶筛、竹灶等；木茶具多用于盛器，如碗、涤方等。

竹木茶具自古既有。中唐时期饮茶逐渐流行，茶具需求量日益增加，但金银等金属茶具价格昂贵，因此，竹木茶具就成了民间的主要饮茶器具。

陆羽在《茶经·四之器》中开列的茶具，多数是用竹木制作的。宋代沿袭，并发展用木盒贮茶。明清两代饮用散茶，竹木茶具种类减少，但仍有一批制作工艺精湛的茶具，如明代的竹茶炉、竹架、竹茶笼，以及清代的檀木锡胆贮茶盒等，均为传世精品。现代竹木茶具更注重工艺特色和保健功能。在一些少数民族地区，竹木茶具被大量使用，如哈尼族和傣族的竹茶筒、竹茶杯，布朗族用鲜粗毛竹煮水用的茶筒等。

竹木茶具具有轻便实用、取材容易、制作简便、对茶无污染、对人体无害等优点，一直广受欢迎。如今在我国许多地区，人们都使用竹木茶具来泡茶，依然是民间的主要饮茶器具。

竹木茶具所使用的材料易得，以手工制作为主，方便快捷。泡茶时不易烫手，泡出的茶水无污染，不改变原来的味道，无毒无害可放心饮用。竹木茶具尤其是竹编茶具色调和谐、美观大方，能保护内胎，减少茶具的损害。一些竹木茶具不仅具有实用价值，还有很高的欣赏价值。例如，黄杨木罐及老竹雕竹筒茶罐，既是一种实用品又是一种馈赠亲朋好友的艺术品。现在多数人购置竹木茶具，不是单纯为了使用，更看重的是它们的收藏价值。

购买竹木茶具，首先要看竹木材质的质地是否细腻柔润，内外是否有因储存不当而发生霉变的现象。选择时仔细抚摸器物表面。用竹木材质制成的茶具，如果做工不精细，茶具上会有刺头或尖锐的地方。这些弊端不仅影响茶具的整体美观和质量，而且在使用过程中容易刺伤手掌、手指等。

在竹木茶具上施以不同的工艺，会使茶具更有价值。在选购过程中，应仔细观看茶具的雕刻工艺是否精细、是否存在材欠料少的情况，造型是否独具匠心。

竹木茶具在使用过程中，应尽量避免冷热温度的骤变。特别是竹质茶具，受到骤冷骤热的刺激很容易产生爆裂现象。竹木茶具在使用前应先用热水温润；在茶具保存时要尽量温度适中。竹木材质长期放置在潮湿的环境中容易出现发霉、腐烂等情况，应保持干燥，避免强烈光照。

四、玻璃茶具

随着现代玻璃制造技术的发展，玻璃茶具已经成为人们日常生活中较为常用的茶具之一。

玻璃，古代称之为流璃或琉璃，是一种半透明的矿物质制品。用这种材料制成的茶具，能给人以色泽鲜艳、光彩照人之感。因其形态各异、用途广泛，加之价格低廉、购买方便，广受好评。在众多的玻璃茶具中，以玻璃茶杯最为常见。用它泡茶，茶汤的色泽、茶叶的姿色　览无余，用米冲泡各种细嫩名优茶，最富品赏价值。家居待客，不失为一种好的饮茶器皿。

我国的玻璃技术虽然起步较早，但发展缓慢。玻璃茶具的发展过程大致可以分为三个阶段。

① 春秋至汉代是我国玻璃制造的萌芽阶段，虽然当时已经用模制、镶嵌等制作工艺炼制出七种颜色的玻璃，但仅仅是一些小件的礼器、佩饰等，做工粗糙、外形简单。

② 此后玻璃制造技术缓慢地发展。唐代中外文化交流逐渐增多，西方的玻璃器皿传入我国，开启了中国烧制玻璃茶具的时代。陕西扶风法门寺地宫出土的由唐僖宗供奉的素面圈足、淡黄色玻璃茶盏和素面淡黄色玻璃茶托，虽然造型原始、透明度低，却是我国唐代玻璃茶具的代表。宋代制造出了高铅玻璃器，元明时期出现了玻璃作坊，清代开设了宫廷玻璃厂。但玻璃茶具的生产和使用都没有形成规模。

③ 随着制造工艺的崛起，近现代玻璃器皿有了较大的发展。如今，玻璃茶具质地优良、光泽夺目、透明度高且价格低廉，是人们日常饮茶中常用的茶具之一。

玻璃材质来源广泛，外形可塑性大。目前市场可见到形态各异的玻璃茶具。在泡茶过程中使用玻璃杯，不仅可以欣赏茶汤鲜艳的色泽和细嫩柔软的茶叶，还可以观赏茶叶在整个冲泡过程中上下浮动、逐渐舒展的动态美。从泡茶效果看，玻璃杯没有毛孔，不会吸取茶的味道，因此，泡出的茶味道很纯正。玻璃杯也很容易清洗，味道不会残留。

但是玻璃器皿质地较脆，容易破碎，而且导热较快，比较烫手。随着生产技术水平的提高，已出现了一种经过特殊加工的钢化玻璃制品，不易破碎，更便于使用。

玻璃材质的透明度很高。从表面上看，各种玻璃茶具没有什么不同。但实际上，玻璃茶具的内在结构有很大区别，如果质量不好，就可能会出现炸裂情况。因此，在选购玻璃茶具时，要把握以下三点。

① 看玻璃厚度。一般正品的玻璃茶具都有一定的厚度，并且厚薄均匀。尽量不要购买器身厚薄不一的玻璃茶具。
② 看透明度。正品的玻璃茶具在阳光照射下会非常通透，而一些质量较差的产品会相对混浊。
③ 听敲击声。正品玻璃杯在敲击之下会发出很清脆的声音，劣质的玻璃茶具敲击声发闷。

玻璃制品容易破碎，所以在使用和清洁保养时，应注意轻拿轻放，避免玻璃茶具之间的碰撞。玻璃茶具不耐火烤，也很怕用沸水冲烫，使用时应注意水温不能太高，避免其在高温下破损。

玻璃茶具在长期的使用过程中，内外两面都很容易藏污纳垢。外壁上的污垢大多是灰尘，可以常常用清水冲洗；内壁上常会残留茶渍，既影响美观也不利于健康，应经常及时地清洗茶具内壁的茶垢。将茶具直接泡在稀释的酸醋中30分钟，即可光泽如新；也可用布蘸醋擦拭局部变黑处，或用软毛牙刷蘸醋、盐混合成的溶液轻拭即可。将玻璃器皿用水冲净后，倒入约40℃的温水刷净，再令其自然干燥，可增加器具的使用寿命。

五、漆器茶具

漆器茶具是指采割天然漆树汁液进行炼制，在炼制过程中加入所需色料，经过一系列特殊工艺而制成的一种茶具。北京雕漆茶具、福州脱胎茶具及江西鄱阳生产的脱胎漆器，绚丽夺目、轻盈精美，具有独特的艺术魅力。

漆器的发展可以追溯到距今约七千年的浙江余姚河姆渡，当时已可制作木胎漆碗。至商夏以后，漆制饮器更多。只不过漆器茶饮具在很长的历史时期一直未形成规模生产。直到清代，漆器茶具才崭露头角。脱胎漆工艺的产生，更促进了漆器茶具的发展。

脱胎漆器茶具的制作精细复杂，先要按照茶具的设计要求，做成木胎或泥胎模型，上面用夏布或绸料以漆裱上，再连以漆灰料，脱去模型，经填灰、上漆、打磨、装饰等多道工序，最终成为古朴典雅的脱胎漆器茶具。

用漆涂在各种器物表面所制成的各种工艺品及艺术品统称为"漆器"，具有耐潮、耐高温、耐腐蚀等功能，同时可配不同色漆，光彩照人。中国早在新石器时代即可制作漆器。这种在古代化学工艺及工艺美术方面的重要发明传承至今，大放异彩，为国内外人士所喜爱。

漆器茶具一般比较小，轻巧美观，外表色泽光亮，以黑色为主，也有棕黄、棕红、深绿等颜色，整体上给人一种绚丽夺目的感觉。

漆器茶具因为是由天然漆树的汁液炼制而成的，所以耐高温，可直接注入茶水；不怕水浸，可以长时间将茶水贮存在茶具中；茶具可耐酸碱腐蚀，可以直接将其置于酸性清洗液中浸泡，以清理掉茶垢。

漆器茶具不仅具有实用价值，而且还有相当高的艺术欣赏价值。一些器具将书画等与之融为一体，饱含文化意蕴。尤其是福州生产的"宝砂闪光""金丝玛瑙""釉变金丝""仿古瓷"等品种，外形美观、质地优良，常被鉴赏家收藏。

漆器茶具的种类，有单色漆器茶具、描金漆器茶具、描漆漆器茶具、雕填漆器茶具、犀皮漆器茶具、款彩漆器茶具、脱胎漆器茶具等。

对于单色漆器茶具（即整个器物呈单一色彩、没有任何纹饰的漆器茶具），购买时应注意观察器物表面的光滑度和色泽的均匀度。若购买整套茶具，应注意整体色彩和光泽的和谐一致。

描金漆器茶具（即器物表面用金色来作为主要描绘纹饰颜色的漆器茶具），选购重点应该放在金色的线条上，观察线条是否流畅、有无描色不均等。

描漆漆器茶具（用稠漆或漆灰堆出花纹的漆器茶具），可针对堆出的花纹、图案、造型等方面进行选购。首选花纹自然、图案清晰、造型别致的描漆漆器茶具。

犀皮漆器茶具（即在漆面做出高低不平的底子，上面逐层涂饰不同色漆，最后磨平，形成一圈圈色漆层次的漆器）最大的特色在于器物表面色圈的层次感。购买时可仔细察看漆涂得是否平滑均匀、色圈是否分明。

脱胎漆器茶具（即用生漆将丝绸、麻布等织物糊贴在泥土、木或石膏制成的内胎上，裱贴若干层后形成外胎，然后脱去内胎，取得中心空虚的外胎，再将外胎作为器物胎骨而制成的漆器茶具）选购时，注意质地是否轻巧、色泽是否自然和谐、造型是否别致。

如今，漆器茶具颇受人们喜爱。在日常生活中，为了使收藏的漆器茶具能够长久地保持原有的风采，应该对其进行有效保养。漆器茶具应注意保存于恒定的温度和湿度环境内；在使用时应轻拿轻放，避免剧烈的震动；不要将漆器茶具与其他坚硬、锐利的物体碰撞或摩擦，以免造成损伤；注意湿气及强光影响，避免因吸收湿气导致茶具脱漆发霉，阳光暴晒可能会使漆器出现变形、断裂；同时注意防尘，如果漆器表面有灰尘沉淀，可用棉纱布擦拭，以保持清洁美观。

六、金属茶具

金属茶具是指用金、银、铜、铁、锡等金属材料制作而成的饮茶器具，是我国古老的日用器具之一。在远古时期，由于金属稀少昂贵，用来饮茶的金属器具寥寥无几。

金属饮具的发展历史可以追溯到殷商时期，当时人们使用青铜器盛水、盛酒。秦汉以后，随着茶业的发展、饮茶风尚的流行，茶具也逐渐从与其他饮具共用中分离出来。大约到南北朝时期，我国出现了包括饮茶器皿在内的金银器具。到隋唐时，金银器具的制作达到高峰。陕西扶风法门寺地宫出土的一套由唐僖宗供奉的镏金茶具，质地讲究、工艺精美，可谓是金属茶具中罕见的稀世珍宝。

从宋代开始，金属茶具受到了颇多的争议，人们对其褒贬不一。到了明代，由于人们饮茶方式的改变和陶瓷茶具的兴起，金属茶具开始渐渐消失，但作为贮存器具，金属茶具仍以优越的密封性和良好的防潮性、避光性，深受人们的喜爱。现当代，一些新型合金材料制成的金属茶具被广泛使用，插电式的不锈钢壶、不锈钢保温壶等较为常见。在一些少数民族茶艺中，也能见到金属茶具的身影。

金属贮茶器具的密闭性要比纸、竹木、瓷、陶等的好，且具有较好的防潮、避光性能，更有利于散茶的保藏。因此，金属茶具常作为贮茶器具，如锡瓶、锡罐等。
此外，金属茶具特别是金银器，外形美观、亮丽，曾经是一种财富的代表，身份、地位的象征。作为收藏品，金银器等金属茶具很有收藏价值。

金属茶具的具体分类有金银茶具、锡茶具、铜茶具、铁茶具、合金茶具等。

金银茶具自商代出现，于春秋战国时期已有金银镶嵌工艺。唐代是我国金银器发展史上的高峰期，大量金银矿被开采出来，加工工艺也有了很大的突破。宋代的金银茶具大多供宫廷使用，其历史悠久、制造技术精湛，具有珍贵的历史价值和艺术价值。

金银茶具因主要用纯金、纯银、银质镏金等制成，坚固实用又精美华丽。其装饰手法非常多，镌刻技术使金银茶具的纹饰绚丽多姿，增添了器物的艺术性和观赏性；镶嵌技术的使用，即给器身加上宝石、珠、玉等饰品，惟妙惟肖、绚丽异常。

右

鎏金鸿雁纹云纹茶碾子

左

飞鸿球路纹鎏纹银笼子

左

西安法门寺地宫出土文物，有盖，直口深腹，由极细的金银丝编织而成，主要在茶饼被焙烤后贮存而用

右

西安法门寺地宫出土茶碾，包括碾、轴，为大唐宫廷茶器；高7.1厘米、长27.4厘米、重1168克，在煮茶时碾碎茶饼之用

锡茶罐密封性好，可避免茶叶受光、热、氧气等影响，保鲜时间长，是贮茶器具的上选

中国锡器茶具始于明代永乐年间，主要产于云南、广东、山东、福建等地。锡器平和柔滑的特性、高贵典雅的造型、历久弥新的光泽，历来深受各界人士的青睐。高档茶叶常用锡器包装。锡罐储装茶叶密封性好，保鲜时间长，被公认为茶叶长期保鲜的上佳器皿。用锡器泡茶，也可以避免茶香外逸，保留茶的原味并长久保持茶香。

铁茶具价格比较低廉，是金属茶具中应用较多的一种。用铁茶具泡茶可以提升口感。因为使用铁壶煮过的水含有二价铁离子，会出现山泉水效应，有效地提升茶水的口感。饮水、烹调使用铁壶，还可以增加铁质的吸收。铁质为造血元素，适当饮用可以补充人体需要的铁，预防贫血。现代生活节奏加快，由于铁壶的使用及保养较为麻烦，且一般较重、不易于操作，因此用的人逐渐减少。铁壶使用时应特别注意防止锈蚀，用后应保持干燥。

不锈钢茶具是现代社会使用最多的一种茶具，其中以不锈钢的保温杯最为常见。不锈钢茶具的泡茶效果差，虽然不传热、不透气，但保温性强，有利于携带和长时间贮水。但是开水冲入后易将茶叶泡熟，使得茶叶变黄，茶味苦涩，完全失去了茶的原有味道。不锈钢电热水壶是目前最为常用的辅助泡茶茶具。

选购金属茶具时，如果是以泡茶为主要功用，则应仔细观察每一个接水口是否嵌接紧密，茶具整体线条是否流畅；如果主要用来贮茶，则最应注意其密封性是否良好。

金属茶具和其他材质的茶具一样，在使用过程中要注意保养。金属材质的特性决定了金属茶具很容易受腐蚀，因此，每冲泡完一次茶时，应及时将茶具清洗干净，不要留下任何茶渍或其他残留物；金属材质容易与化学类洗涤剂发生一定的作用，可能会产生对人体有害的物质，因此在清洁金属茶具时，需多次用清水擦洗，然后再用；存放金属茶具时，要将茶具烘干或擦干，不要存放在有腐蚀性气体和潮湿的地方，避免金属生锈，影响后续泡茶的质量和外部美观。另外，不要将金属茶具与其他坚硬的物体一起存放，以防因相互碰撞而导致金属茶具外表损坏。

七、其他材质茶具

我国地大物博、历史悠久，饮茶用具丰富多彩。除上文论及的茶具外，另外还有用玉石、水晶、玛瑙等材料制作的茶具，如搪瓷茶具、树脂茶具、玉石雕茶具等。

搪瓷起源于古埃及，元代时传入我国。明代景泰年间（1450—1456）创制了珐琅镶嵌工艺品景泰蓝搪瓷茶具。清代乾隆年间，景泰蓝搪瓷茶具开始由皇宫传到民间，标志着搪瓷工业的开始。

20世纪开始,国内大规模生产搪瓷茶具,至今仍然有很多人用搪瓷茶缸来饮茶。搪瓷茶具是一种在金属表面附以珐琅层的茶具制品,多以钢铁、铝等为胚胎,涂上一层或数层珐琅浆,经干燥、烘烧烤制而成。

搪瓷茶具种类较多,形态各异。有的仿瓷茶具洁白光亮、细腻圆润,与瓷器茶具不相上下;有的花茶杯有网眼或彩色加网眼作修饰,而且层次明晰,具有较强的艺术感;还有造型别致、轻便、做工精巧的蝶形茶杯与鼓形茶杯,以及用来盛放茶杯的彩色茶盘等。

搪瓷茶具具有一定的保温功能,质地坚固耐用、图案清晰、携带方便、不易腐蚀,用来泡茶对人体没有危害。

搪瓷茶具也有很明显的缺点。铁质的材料决定了它本身导热性好,容易烫手,也容易烫坏桌面。搪瓷茶具用久了或是不小心摔到地上,表层的搪瓷容易脱落,影响美观。

树脂茶具是现代社会的一种饮茶器具,又称塑料茶具。早期塑料茶具泡茶效果较差。如果塑料的质量欠佳,不仅气味难闻,还有可能对身体健康造成严重伤害。随着塑料工业的不断发展,其质量有了大幅提高,已经可以达到无色、无味、无毒的要求。相信今后会有大量新型树脂材料茶具进入人们的生活。

玉石茶具是用鸡血石、寿山石、灵璧石,以及翡翠、和田玉、水晶、玛瑙等色泽纹理合适的天然玉石材加工而成的高档茶具。这种茶具质地厚、保温性好、透气性强,贮茶不易变质,泡出的茶水味浓香醇,同时鲜艳的色彩和美妙的纹理使之具有很高的欣赏价值。常有玉壶、玉杯、托盘等,因其价格高昂,多作为艺术品收藏,很少有人使用。

第二节 当代茶具精品鉴赏与鉴伪

一、宜兴紫砂茶具

当代宜兴茶具概况

20 世纪中期紫砂生产逐步得到发展。在政府的组织帮助下，民间艺人裴石民、朱可心和吴云根等人牵头组建紫砂工场。1958 年"宜兴紫砂工艺厂"正式成立，当时七位著名的紫砂国手分别是任淦庭、裴石民、顾景舟、吴云根、王寅春、朱可心、蒋蓉。他们各怀奇技，精心创作，培养了数以百计的青年艺徒。其中有众多的优秀人才，已经成为大师级的人物。

紫砂工艺厂（简称紫砂一厂）制作的各类壶器远销 50 多个国家和地区，市场扩大到欧洲、美洲、澳洲，尤其被我国的香港、澳门和台湾地区，以及日本、东南亚等地的爱茶人所喜爱。20 世纪 80 年代开始了紫砂热潮，紫砂一厂因培养出一大批有杰出艺术贡献的紫砂艺术家，成为紫砂行业的"黄埔军校"。

我国紫砂界的工艺美术大师主要有：顾景舟、蒋蓉、徐秀棠、吕尧臣、汪寅仙、徐汉棠、谭泉海、李昌鸿、周桂珍、顾绍培、鲍志强、曹亚麟、何道洪、曹婉芬、毛国强、徐达明、邱玉林、徐安碧、李守才、吴鸣、季益顺、吕俊杰、张红华、陈国良、储集泉、范永良、陈建平、王亚萍等。

当代著名的紫砂艺人当首推荣获"中国工艺美术大师"称号的顾景舟先生。他与紫砂结缘六十个春秋，在继承传统的基础上形成了自己独特的艺术风格：浑厚而严谨，流畅而规矩，古朴而雅趣，工精而技巧，散发浓郁的东方艺术特色。他对紫砂历史的研究、传器的断代与鉴赏，有独到的见解。他主编《宜兴紫砂珍赏》，为培养后辈不遗余力，桃李芬芳，被誉为"壶艺泰斗""一代宗师"。

石瓢（顾景舟制）

2006 年 5 月，时任联合国秘书长科菲·安南先生在中国驻联合国大使王光亚的陪同下来到中国。为了向全世界表达中华民族追求和谐美好的文化理念，时任北京大学校长许智宏将一把"曼生款式提梁石瓢"紫砂壶赠予安南先生以作纪念。此壶的作者是紫砂艺术大师张红华女士。

张红华，中国工艺美术大师，研究员级高级工艺美术师、江苏省工艺美术名人。师承著名艺人王寅春，后得当代壶艺泰斗顾景舟大师长期悉心指导。长期受制陶艺术熏陶，融汇各派精华，自成一格。自 20 世纪 50 年代从艺起，前后创制紫砂品种 160 多件（套），类别有光素器形、方形、花竹器形、筋纹器形及提梁壶形，形器多变。同时有部分作品与文人墨客及专家教授合作，珠联璧合。其作品走向国内外市场，受到收藏人士及艺术界的青睐。

时任北京大学校长许智宏将"曼生款式提梁石瓢"紫砂壶（张红华制）赠予安南先生

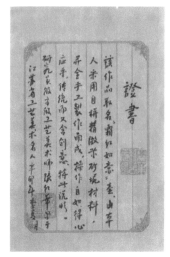

紫砂茶具的鉴赏

紫砂茶具主要分三个层次：一是高雅的陶艺层次，合理有趣，形神兼备，制技精湛，引人入胜，雅俗共赏，此类茶具方为上乘；二是工技精致、形式完整、批量复制面向市场的高档次商品，是工艺品级茶具；三是普通产品，即按地方风俗习惯、规格大小大量生产，形式多样，制技一般，广泛流行于民间的日用品。

紫砂陶艺审美可总结为"形、神、气、态"四个要素。形，即形式之美，是作品的外轮廓，也就是具象的面相；神，即神韵，是一种能令人意会体验出精神美的韵味；气，即壶本身蕴含的气质；态，即形态，指作品高、低、肥、瘦、刚、柔、方、圆的各种姿态。四个方面完美结合才是一件真正的好作品。

对于紫砂茶具的鉴赏和选择，包括种类、质地、产地、年代、大小、轻重、厚薄、形式、颜色、光泽、声音、书法、图画等方面，是一门综合性的高深学问。

选一把好的紫砂壶应在实用性、工艺性和鉴赏性三方面多加关注，应具备造型美、材质美、适用美、工艺美和品位美。

首先选择纯正的紫砂材料，再看实用性。容量大小需合己用、口盖设计合理，茶叶进出方便，重心要稳，端拿要顺手，出水要顺畅，断水要果快。此点是大部分茶壶不能全面达标的。好壶出水刚劲有力，弧线流畅，水束圆润不打麻花；断水时，即倾即止，简洁利落，不流口水，并且倾壶之后，壶内不留残水。

紫砂壶与其他艺术品最大的区别在于，它是实用性很强的艺术品。它的"艺"全都在"用"中品，如果失去"用"的意义，艺亦不复存在。所以，功能美至关重要。

紫砂工艺的技巧要求"嘴、钮、把"三点一线；口盖要严紧密合；壶身线面修饰平整，内壁收拾利落，落款明确端正；胎土要求纯正，火度要求适当。紫砂壶和我国几千年的茶文化联系在一起，收藏名壶已成为人们的一种精神享受。

当代紫砂生产名气最大的当属"老一厂"。其由吴云根、裴石民、任淦庭、王寅春、朱可心、顾景舟、蒋蓉七位老艺人集中当时民间制壶和陶刻的紫砂精英一起成立，历时 40 余年，培养了大批紫砂国级大师、省级大师、省级名人和高级工艺美术师，创作的紫砂精品不计其数，可谓紫砂的辉煌时期。

老一厂紫砂壶现在一般界定为 1977～1997 年原老一厂一车间生产的、较高档的商品壶，当时多用于出口创汇，前后可分为：椭圆绿标期（1977～1982 年）、甲子泥无标期（1983～1987 年）、方圆标期（1987～1992 年）、镭射标期（1993～1997 年）。

紫砂一厂的紫砂壶所用泥料上乘，采用黄龙山四号井的泥料，无论紫泥、红泥、段泥，都远比一般制日用陶土的泥料质优量少。本地人也将做壶的泥料称之为"泥中泥"。优质制壶泥如同木料中的紫檀、黄花梨一样，非常珍贵。但黄龙山四号井，后因灌进大水成为危矿，于 20 世纪末封矿。

纯以肉眼看壶的泥质，会发现老一厂壶优质泥的玄机：紫泥中隐隐可看到些微的红色或黄色，红泥中常显现出一点黄色，而黄泥中常夹杂些红色，即在一种主色中夹杂飘忽不定的其他色彩。

宜兴紫砂一厂壶

【做工老到】

"老一厂紫砂壶"多数是由做高档壶的一车间制作的,新艺人要三年陶校毕业,实习考核合格才能进入一车间。所谓"老到","老"是老练;"到"则基于娴熟的手法,能得心应手地将技法施展得恰到好处,简而言之即做工"到位"。一个优秀的制壶者,在整个做壶过程中,拍身筒、安流、装把、用"明针"等一系列工艺做下来,行云流水,欢畅自如。

同时,老一厂紫砂壶的造型是前辈大师、名家定型定款;烧制用当年烧重油的隧道窑。

所以老一厂紫砂壶以其"泥优型正窑火足,不可再生,不可复制"而一直被紫砂爱好者们追捧。

曾有人认为老一厂壶"做工太粗"。其实所谓做工粗细无非是工笔的精致工整与写意的自然洒脱之别。拿做壶泰斗时大彬一脉作例。他的大弟子李仲芳、徐友泉是公认的做活细过时大彬,以至于那时代诸多达官显贵一致认为李、徐青出于蓝而胜于蓝了。但徐友泉晚年客观公正地指出:"以我的'细'依然不如师父之'粗'。"有人认为其工虽粗,但粗犷仍不失器度恢宏。紫砂泰斗顾景舟终生都没有制作掇球壶。在他看来,程式掇球是不可超越的,而程式掇球壶的做工是较粗的。

在今日的制壶名家中,已很难找到程寿珍一类"写意型"高手。有人曾试让中年一代制壶佼佼者试做"粗工"寿珍掇球一类壶,竟一做还是细工,换言之,已不习惯用粗工来制壶了。"老一厂"中,诸多老艺人是受益于壶艺家们的辅导成长起来的,在那些他们制作的老壶中,依然能看到在做工上的多元状态。这些看似"粗工"的壶远比今日多数借助机械加工的"细工"壶更具传统意义。

【造型典雅】

造型是宜兴壶的美感基础。古人赏美，谓之"七分姿三分色"。赏宜兴壶亦是，无论光器、花器，先得视其造型。

"老一厂紫砂壶"在造型设计上，有以下几个艺术特点。

一是仿明清及清末民国初较为古典和经典的款式。由于一厂有民国时期已成名的多位大家（被尊称为辅导员），云集了当时紫砂工艺及艺术设计、书法和绘画等领域的顶尖人才。故在选择老款式时，不是机械地模仿，而是融入老艺人个人审美情趣与时代的审美观念，是一种传承经典的再创作。

一厂有许多由老艺人和新秀创作的壶式，如朱可心辅导员的"报春壶""长青壶"等多款花器壶，高海庚厂长的"集玉壶"，顾景舟辅导员的"上新桥壶"等。再如清华大学艺术学院若干教师设计的壶，其中以高庄教授（国徽定稿人）所设计、顾景舟首制的"提璧壶"最为经典。还有由画家亚明先生设计、王寅春辅导员首制的"亚明方壶"，以及中国工艺美术大师韩美林先生设计的、极具个人风格的多款壶式。

一厂艺人得益于前辈超凡脱俗的审美情趣的感染，通过与当代各艺术家的广泛交流，在造型艺术上被培养出卓而不群的审美眼光。

二是窑火适宜。一厂当时建起了一架新式隧道窑，以重油做燃料。为防止油烟中杂质侵入壶面，壶成胚后一律置入耐高温材料制成的掇罐之中。紫泥在1100℃左右，红泥在960℃左右，窑温稳定。熄火后掇罐内壶在隧道窑中慢慢降温，因此，烧成后的壶"水色"绝佳。

至今除了"一厂隧道窑",官方从未投资建起第二座窑炉。邓小平送日本前首相田中角荣的壶,以及紫光阁较早陈列的二十多件紫砂器,皆是隧道窑烧成的。

三是装饰美观。老一厂紫砂壶的装饰,代表了一厂的基本格调。装饰中的刻字刻画借助于书画艺术。调砂、泥绘则是宜兴壶艺家独创,这些都是其他制壶者难以望其项背的。比如看似简单的"调砂",一厂以手将一种黄色粗砂镶嵌入泥壶中,使其疏密有序,犹如不经意间看到云际繁星。简单的线条装饰,置放于壶身恰到好处的位置,是由名艺人反复尝试而最终完成的。

紫砂壶温润如君子,豪迈如丈夫,风流如词客,丽娴如佳人,葆光如隐士,潇洒如少年,朴讷如仁人,飘逸如仙子,廉洁如高士,脱俗如衲子。其灵性之壶格,为真正懂茶之人所喜爱,赏壶不但是生活的乐趣,同时也是一种艺术视野的升华。

五子登科紫砂壶

20 世纪 80 年代宜兴紫砂一厂制品。紫砂为特殊的陶质材料;紫砂壶以其优良的宜茶性、精美的制作工艺被公认为泡茶首选器物

紫砂茶具的鉴别

1．紫砂壶与非紫砂壶的鉴别

化工泥是指在不是紫砂的泥料中或纯度很低的紫砂泥料中通过加入化工色剂冒充紫砂的泥料。这和紫砂调入色剂不是一样的概念。化工壶采用的着色剂，无论从质量还是剂量都已经严重超过了早期的安全标准，对人体会产生较大危害。紫砂壶与化工壶的区别主要看以下几个方面。

外形。化工壶采用的是真空练泥，其颗粒大小划一，掺入的砂子又粒径一致，炼出的泥固然比较纯净，烧成之后，从泥料的肌理角度看，有人为造作、整齐划一的单调感。犹如一束美丽的鲜花，朵朵开放，看似美，但这是通过人的选择采摘来的，是清一式的美，是做作美、营造美，不能说是"完美"。自然美才是完美，手工泥手工壶的材质就表现了这种自然美。

包浆。由于手工泥全手工壶颗粒大小不一，内壁松而外表紧，内壁疏而外表密，透气性好，所以，沏泡时茶叶容易从壁内反渗透到全壶。初泡时，壶的全身热气直冒，而又不"出汗"，这与真空炼泥制作的壶有极大的差异。真空炼泥制作的壶在养壶时，茶汁一般是从壶面通过壶内水的高温烤干而逐渐包浆的。茶汁由内壁渗透表面的成分极少。手工泥手工壶长期使用，其包浆效果会越来越好。若长期沏泡，搓磨抚摸，古雅的光泽会让人爱不释手。而化工壶无论怎样养壶，都不可能有真正的包浆。

气味。手工泥手工壶"盖不夺香又无熟汤气"。化工壶泡茶，以同样多的茶叶沏茶一壶，两天后茶汤已变馊、变味，而手工泥手工壶的茶味则纯正如初。

工艺。紫砂壶是沏茶的佳器，而手工泥手工壶则是当今沏茶的最佳器具。现代许多人用真空练泥所制的砂器，虽正规划一、漂亮，其实远远不如传统炼泥、手工制作的壶更具自然美感。

化工壶一般工艺粗糙，有时以灌浆的方法制壶，可见到壶身有灌浆模型的痕迹。从真正意义上讲，其已经不是紫砂壶了。因为一把纯正的好壶，是由纯正的原料与传统的工艺制作而成。

2．紫砂茶具的铭刻水平鉴别

自古以来，紫砂壶的魅力主要在于其内涵的文化与艺术。清代曼生壶的铭文镌刻酣畅淋漓，盈盈一壶，言咏志趣诗文于壶面，字依壶贵，壶随字传。紫砂壶上的铭刻文绘，记述着中国传统文化的厚重精深。

鉴赏茶具上的铭刻图文，不可以只看"花哨"与"热闹"，要观境界、韵味、神采及运刀之法度。同时，观察铭刻在紫砂壶壶面的表达方法。

首先从整体入手，把握器形和刻绘内容、刻绘形式是否和谐统一。饰壶时除要随壶撰写切茗、切壶、切情的铭文和寻求逸趣横生的款识之外，还得考虑入壶、入铭、入格的画面安排。刻绘与壶互相补充，才能相映生辉，透过书画刻绘的意境体现其宝贵的艺术价值。

再看刻绘的格调、情趣、韵味是否高雅。高雅的刻绘，既有结合壶式的点睛之处，也有抛开壶式的神来之笔。其内容，切于题而合乎度，其比兴联想内涵深邃，同时举重若轻，不失意趣。将入世与出世的情怀，落实于生活或文化本身。

三看是否具备传统书法、绘画的艺术特质和内涵精神。书画须高致，然后方可观，书（绘）者先有高致方可笔墨不落尘俗恶道。气质高雅，实际上是文化素养、人格品质的表现。曲意逢迎和抱道自高的艺人，不可能刻绘出一样的内涵精神。

四看刀法的质感和表现形式是否统一。从刀法上说，要充分表现出在紫砂壶泥坯上刀痕的质感，或雕琢工整，或明快质朴，线条要流畅自如、气韵生动。"挑胳膊弄腿"似的刷字，一味追求奇技淫巧和张牙舞爪的涂鸦，或浓重的市井气、江湖气等均不足取。

紫砂刻绘，以线条作表现，骨子里是以善美之端表达作者的文化内涵和艺术理念。

杰出艺术家将其修养学问一一寄之于刻绘，内出性灵、外达技法，胸臆旷达，自成一家。

紫砂壶的选择使用及保养

紫砂新壶在使用之前需要一些预处理，这个过程就叫开壶。开壶有多种方法，紫砂茶具与其他材质茶具相比有一个独特的优点：紫砂茶具在合理使用过程中会越用越好。故此，茶人常常将紫砂器的精心使用与保养称为"养壶"。一把真正的原矿紫砂壶在使用一段时间之后，外观会有很大变化，呈现一种"黯淡之光"，其光泽温润如玉而内敛，如同谦谦君子，因此广受茶人喜爱。

一般情况下，取一干净无杂味的煮锅，将壶盖与壶身分开置于锅底，徐注清水使高过壶身，以文火慢慢加热至沸腾。注意壶身和水应同步升温加热，待水沸腾之后，取一把茶叶（通常采用较耐煮的重焙火茶叶）投入熬煮，数分钟后捞起茶渣，紫砂壶和茶汤则继续以小火慢炖。等二三十分钟后，以竹筷小心地将茶壶起锅，净置退温。最后再以清水冲洗壶身内外，除尽残留的茶渣，即可正式启用。这种水煮法的主要作用是让壶身的气孔结构热胀冷缩释放出所含的土味及杂质，有助于日后泡茶养壶。

在养壶的过程中要始终保持壶的清洁，不能让紫砂壶接触油污，保证紫砂壶的结构通透。在冲泡的过程中，先用沸水浇壶身外壁，然后再往壶里冲水，也就是常说的"润壶"。常用棉布擦拭壶身，不要将茶汤留在壶面，否则久而久之，壶面上会堆满茶垢，影响紫砂壶的品相。紫砂壶使用一段时间后要有"休息"的时间，一般要晾干三五天，让整个壶身彻底干燥。

养壶是茶事过程中的雅趣之举，其目的虽在于"器"，但主角仍是"人"。养壶即养性也。"养壶"之所以曰"养"，正是因其可"怡情养性"。什么是养壶的最高境界？真正的好壶，不仅仅是泥好、工好、形好，还可以通过"养"，呈现出"细、润、柔"的效果，温润如美玉。

养壶忌急躁，否则就会事倍功半。养壶的每个细节都要细心，把完成每个细节都作为一种享受，才是养壶的真正意义。平时用壶沏茶，应经常以手抚磨壶身。使用日久，壶身定会日渐细腻、晶莹、光滑、净亮，如玉似鉴，呈现古朴莹洁的神韵。养壶贵在持久，不必急于一时，只要平常多加使用并维护得法，好壶就自然在手。

养壶要注意"一壶不事二茶"。因为紫砂壶有特殊的气孔结构，善于吸收茶汤味道，一把茶壶冲泡一款茶叶，茶汤才能保持原汁原味，久之，散发的茶香更纯净。每次泡完茶后，应倒掉茶渣，用热水冲去残留在壶身的茶汤，保持壶里、壶外的清洁，晾干并保持壶内干爽，不可积存湿气，如此养出的紫砂壶能发出自然的光泽。

有些养壶的人，认为饮剩的茶汁留在壶里有助于壶的滋养，这是错误的认识。虽然紫砂壶确实有隔夜不馊的特点，但隔夜茶会有陈汤味，对紫砂壶有损害而且不卫生，不利健康。如果壶暂时不用，应将其用清水洗净，壶身内外擦干，远离灰尘及油烟，贮放在空气流通的地方。

养壶的过程也是在养茶人之心。喝茶养壶，看着壶一天天变化，领悟壶之"有容"，而又不急于"盛满"。以岁月为茶，涵纳岁月。岁月流逝如倒掉的茶，而茶人如壶，有着带不走的温香！平心静气，持之以恒，紫砂壶中的茶香，深入到了壶的气孔之中，映衬着真正的茶人气质。

二、当代瓷器茶具

（一）景德镇陶瓷茶具概况

历经清末民初的动荡，景德镇陶瓷业饱受摧残。自中华人民共和国成立，又焕发生机。茶具精品多出自国营"十大瓷厂"。

"十大瓷厂"为计划经济时期景德镇大型瓷厂的统称。1950年，于民国时期的江西瓷业公司基础上建立的建国瓷厂，是最早成立的国营陶瓷企业。1958年，10家公私合营瓷厂和9家制瓷生产合作社按地域和产品等的不同情况，合并成9个大型的全民所有制企业，即红星瓷厂、宇宙瓷厂、为民瓷厂、红旗瓷厂、新平瓷厂（后改名人民瓷厂）、东风瓷厂、景兴瓷厂、艺术瓷厂、工艺美术瓷厂（后改名雕塑瓷厂），连同原有的建国瓷厂，时称"十大瓷厂"。1995年各大瓷厂开始改制，至2009年基本完成。"十大瓷厂"现已成为历史，其产品具有深刻的时代烙印。

建国瓷厂是景德镇第一家国营企业，主要生产"景德镇四大传统名瓷"之一的颜色釉瓷。生产过程中做到了继承和创新，研制景蓝、宝蓝、嫩青来装饰日用瓷。其生产的用颜色釉装饰的各类日用瓷及茶具，畅销世界各地。

为民瓷厂，原名高级美术瓷厂，以生产釉上贴花（新花）瓷为主，属于生产出口产品的企业。杯碟是为民瓷厂的主打产品，生产的红丰、玉簪、直纹、满纹、旋纹等系列杯碟，一时成为国内外的畅销货。20世纪70年代初，"尼克松杯"一度成为景德镇佳话。"尼克松杯"又称金菊杯，1972年被选为美国总统尼克松首次访华的接待用瓷。另外，1980年为迎接苏联时任最高领导戈尔巴乔夫访华，瓷厂接受了国宴用餐具的生产任务，这批瓷器被称为"戈氏西餐具"。

由公私合营的第六、第七、第九瓷厂合并成立的国营景德镇市红旗瓷厂，主要生产釉下五彩、釉下缠枝莲、山茶花青花瓷等。其中，把缠枝莲传统装饰花面进行创新，广泛应用在茶具、酒具、咖啡具、中西餐具上的产品，被定为国家用瓷，供人民大会堂、中央办公厅、外交部及驻外使馆、钓鱼台国宾馆使用。

景兴瓷厂于 1956 年建厂，其前身为建华瓷厂，主要生产釉上彩花瓷和釉下青花瓷。景兴瓷厂生产的"正德"器产品有 500 多年的历史。20 世纪 80 年代中期，景兴瓷厂开始研发生产青花瓷，并实现了青花瓷的配套生产。

光明瓷厂于 1961 年建厂，其前身是红旗二厂，主要生产"景德镇四大传统名瓷"之一的青花玲珑瓷。光明瓷厂在继承传统的基础上不断创新，使玲珑瓷在装饰、器型、配套等方面都取得进步，产品远销一百多个国家和地区。其中，"双凤咖啡具"和玲珑花瓶多次作为国礼赠送给外国元首和政府首脑。此外，生产的"玩玉牌"青花玲珑系列产品，两次荣获国家优质产品金奖、两次获得北京国际博览会金奖。

东风瓷厂于 1959 年建厂，其前身为景德镇第一瓷厂，主要生产釉上贴花瓷，品种以壶类为主，素有"壶子大王"之称，产品出口苏联、中东、东欧、日本及东南亚等地。"景德壶"名声最大其装饰手法丰富、小巧玲珑、别具一格。

人民瓷厂的前身为新平瓷厂（第三瓷厂），始建于 1958 年。人民瓷厂是"景德镇四大传统名瓷"之一青花瓷的专业生产厂家。该厂青花瓷在继承的基础上加以创新，把古老的梧桐花面运用到成套的茶具上，投放市场后深受消费者喜爱，并出口到世界各地。人民瓷厂生产的产品也多次由国家作为礼品赠送给外国元首和政府首脑。"长青牌"青花瓷先后三次荣获国家质量金质奖；青花梧桐、影青餐具连获两届北京国际博览会金奖。

景德镇人民瓷厂出品的茶壶、公杯、茶罐、茶杯及杯托，瓷质细腻、釉色莹润、青白交映、美不胜收

红光瓷厂于 1961 年建厂，其前身为红星瓷厂。红光瓷厂以生产青花玲珑瓷为主，产品有各式中西餐具、咖啡具、酒具、茶具、文具等，还生产碗、盘、杯、碟、壶、匙等单件产品。产品远销一百多个国家和地区，在国内市场也受欢迎。此外，其对传统玲珑瓷进行了创新，生产出彩色玲珑瓷。红光瓷厂烧制的薄胎彩色玲珑碗、皮灯、花瓶等陈设瓷是景德镇美术陶瓷中的珍宝。

此外，所谓"十大瓷厂"是人们对景德镇当时国有瓷厂的俗称。事实上当时的国有瓷厂并非仅有十家，还有集体所有制的许多著名瓷厂。

（二）陶瓷茶具的识别

1．茶具品质的识别

现今陶瓷是陶器与瓷器的总称，常用茶具多为陶瓷制品。瓷器源于陶器，是陶器产品的发展。陶与瓷的主要区别包括胎料、胎色、釉、烧制温度等方面。

作胎原料：陶器一般用黏土，少数也用瓷土；瓷器是用瓷石或瓷土作胎，因原料不同，其成分有所差异。以宜兴紫砂陶为例，其矿物组成属含铁的黏土－石英－云母系，铁质以赤铁矿形式存在，主要物质是石英、莫来石和云母残骸，结晶细小均匀。烧制白陶的高岭土是一种以高岭石为主要成分的黏土，呈白色或灰白色，光泽暗淡；纯粹的高岭土含氧化硅 46.51%、氧化铝 39.54%、水 13.95%，熔化度为 1780℃，因其可塑性差、熔点高，要掺入其他材料才能制作。瓷石是由石英、长石、绢云母、高岭石等组成，完全风化后就是通常所见的瓷土。制作瓷器的瓷石属半风化，经扬碎、淘洗成为制胎原料，主要成分是氧化硅、氧化铝，并含有少量的氧化钙、氧化镁、氧化钾、氧化钠、氧化铁、氧化钛、氧化锰、五氧化二磷等，熔化度一般为 1100 ～ 1350℃，其高低与所含助熔物质的多少成反比。

胎色：陶器制胎原料中含铁量较高，一般呈红色、褐色或灰色，且不透明；瓷器胎色为白色，透明或半透明。

釉的种类：釉系陶瓷表面具有玻璃质感的光亮层，由瓷土（或陶土）和助熔剂组成。陶器一般表面不施或施以低温釉，其助熔剂为氧化铅。秦汉时就大量烧制这类铅釉陶。唐代的三彩、宋代的低温颜色釉、明代的五彩和清代的粉彩均属此类。瓷器表面施以高温釉，主要有石灰釉和石灰－碱釉两种。

烧制温度：因制胎材料的关系，陶器的烧制温度一般在 700 ～ 1000℃，瓷器的烧制温度一般在 1200℃ 以上。国外一般将烧制温度介于陶与瓷之间的产品称为炻器，烧制温度在 1000 ～ 1200℃。

总气孔率：总气孔率是陶瓷致密度和烧结度的标志，包括显气孔率和闭口气孔率。普通陶器总气孔率为 12.5% ～ 38%，精陶为 12% ～ 30%，细炻器（原始瓷）为 4% ～ 8%，硬质瓷为 2% ～ 6%。

吸水率：这是陶瓷结度和瓷化程度的重要标志，指器体浸入水中充分吸水后，所吸收的水分重量与器体本身重量的比例。普通陶器吸水率都在 8% 以上，细炻器为 0.5% ～ 12%，瓷器为 0 ～ 0.5%。

以上所述各类情况均须综合考虑，才能正确区分陶器与瓷器，仅比较其中一两点，容易产生误解。例如，浙江上虞黑瓷，因作胎材料中含铁量为 2% ～ 3%，所以胎亦呈红、灰等色；南宋官窑所产瓷器显露胎色，并以"紫口铁足"为贵；北方瓷器因其胎中含氧化铝较高，大部分瓷器不能达到致密烧结，吸水率较高，有的可达 5% 以上，这些瓷器如仅仅对照上述的一两条来衡量，就不能称之为瓷器了。因此在实际鉴别时，必须同时兼顾原料、釉、高温三方面综合考虑。

2. 不同花色品种的陶瓷器鉴别

陶瓷器的色泽与胎或釉中所含的矿物质成分密切相关。相同矿物质成分因其含量的高低，也可变化出不同的色泽。陶器通常用含氧化铁的黏土烧制，因烧成温度和氧化程度不同，色有黄、红棕、棕、灰等。在黏土中添加其他矿物质成分，也可以烧制成其他色泽。瓷器历来花色品种丰富、变化多样。现综述如下。

【青瓷】

青瓷是施青色高温釉的瓷器。青瓷釉中主要的呈色物质是氧化铁，含量为2%左右。釉由于氧化铁含量的多少、釉层的厚薄和氧化铁还原程度的高低不同，会呈现出深浅不一、色调不同的状态。若釉中的氧化铁较多地还原成氧化亚铁，那么釉色就偏青，反之则偏黄，这与烧成气氛有关。

烧成气氛指焙烧陶瓷器时的火焰性质，分氧化焰、还原焰和中性焰三种。氧化焰指燃料充分燃烧生成二氧化碳的火焰；还原焰是指燃料在缺氧过程中燃烧，产生人量一氧化碳、二氧化碳及碳化氢等的火焰；中性焰则介于两者之间。用氧化焰烧成，釉色发黄；用还原焰烧成，则偏青。

青瓷中常以"开片"来装饰器物，所谓开片就是瓷的釉层因胎、釉膨胀系数不同而出现的裂纹。官窑传世之作表面为大小开片相结合，小片纹呈黄色、大片纹呈黑色，故有"金丝铁线"之称。南宋官窑最善于应用开片，且具有胎薄（呈灰、黑色）、釉层丰厚（呈粉青、火黄、青灰等色）的特点。器物口沿因釉下垂而微露胎色，器物底足由于垫饼垫烧而露胎，称为"紫口铁足"，以此为贵。汝窑茶具呈现一种特别的"雨过天晴"色，质地如冰似玉，成为中国瓷器的优秀代表。

【黑瓷】

黑瓷是施黑色高温釉的瓷器。釉料中氧化铁的含量在5%以上。商周时出现原始黑瓷；东汉时上虞窑烧制的黑瓷施釉厚薄均匀，釉色有黑、黑褐等数种；至宋代，黑釉品种大量出现。其中建窑烧制的兔毫纹、油滴纹、曜变等茶碗，就是因釉中含铁量较高，烧窑保温时间较长，又在还原焰中烧成，釉中析出大量氧化铁结晶，成品显示出流光溢彩的特殊花纹，每一件细细看去皆自成一派，是不可多得的珍贵茶器。

【白瓷】

白瓷是施透明或乳浊高温釉的白色瓷器。在长期的实践当中，窑匠们进一步掌握了瓷器变色的规律，于是在烧制青瓷的基础上，降低釉下氧化铁的含量，用氧化焰烧成，釉色一般白中泛黄或泛绿色；还原焰烧成釉色泛青，有"青白瓷""影青"之称。唐代白瓷生产已十分发达，技艺卓越首推北方的邢窑，所烧制的白瓷如银似雪，一时间与南方生产青瓷的越窑齐名，世称"南青北白"。定窑白瓷以其黄中透白、釉色润泽，深受国内外收藏家们的追捧。

【颜色釉瓷】

颜色釉瓷是各种施单一颜色高温釉瓷器的统称。主要着色剂有氧化铁、氧化铜、氧化钴等。以氧化铁为着色剂的有青釉、黑釉、酱色釉、黄釉等；以氧化铜为着色剂的有海棠红釉、玫瑰紫釉、鲜红釉、石红釉、红釉、豇豆红釉等，均以还原焰烧成，若以氧化焰烧成则釉呈绿色；以氧化钴为着色剂的瓷器，烧制后呈深浅不一的蓝色。此外，黄绿色含铁结晶釉色也属颜色釉瓷，俗称"茶叶末"。

【彩瓷】

彩瓷是釉下彩和釉上彩瓷器的总称。釉下彩瓷器是先在坯上用色料进行装饰，再施青色、黄色或无色透明釉，入高温烧制而成；釉上彩瓷器是在烧成的瓷器上用各种色料绘制图案，再经低温烘烤而成。

【青花】

青花属釉下彩品种之一，又称"白釉青花"。在白色的生坯上用含氧化钴的色料绘成图案花纹，外施透明釉，经高温烧成。在烧制时，用氧化焰则青花色泽灰暗，用还原焰则青花色泽鲜艳。

【釉里红】

釉里红属釉下彩品种之一。在瓷器生坯上用含氧化铜的色料绘成图案花纹，然后施透明釉，用还原焰高温烧制而成。

景德镇青花杯

人物栩栩如生，既是实用茶具，又是收藏工艺精品，造型典雅，胎体细腻，釉色莹洁如玉，画工精细

【斗彩】

斗彩是釉下青花与釉上彩结合的品种，又称"逗彩"。先在瓷器生坯上用青花色料勾绘出花纹的轮廓，施透明釉，用高温烧成，再在轮廓内用红、黄、绿、紫等多种色彩填绘，经低温烘烤而成。除填彩外，还有点彩、加彩、染彩等数种。

【五彩】

五彩属釉上彩品种之一，又称"硬彩"，是在已烧成的白瓷上用红、绿、黄、紫等各种彩色颜料绘成图案花纹，经低温烘烤而成。

【粉彩】

粉彩属釉上彩品种之一，又称"软彩"，是在烧成的素瓷上用含氧化砷的"玻璃白"打底，再用各种彩色颜料渲染绘画，经低温烘烤而成。

【珐琅彩】

珐琅彩属釉上彩品种之一，又名"瓷胎画珐琅"，即在烧成的白瓷上用珐琅料作画。珐琅料中的主要成分为硼酸盐和硅酸盐，配入不同的金属氧化物，经低温烘烤后即呈各种颜色，多以黄、绿、红、蓝、紫等色彩做底，再彩绘各种花卉、鸟类、山水、竹石等图案，纹饰有凸起之感。

（三）陶瓷茶具的鉴伪

古代茶具蕴含着文化的传承，具有历史文物价值，因而深受收藏家的喜爱，被大众追捧。然而，市场上的古瓷器茶具存在不少的仿品，那么怎样鉴别古瓷器呢？

1. 看古瓷器的形状与造型

瓷器的形状与造型是当时社会审美观念的记录，具有鲜明的时代性，因而通过古瓷器的形状与造型，能大致判断古瓷器的年代、烧制的窑口。

2. 细看古瓷器的纹饰

古瓷器上的花纹图案等，同形状与造型一样，都是对古瓷器制作年代审美特征的记录，是当时社会文化的反映。通过古瓷器的纹饰对比，能对古瓷器进行一定的鉴别。

3. 看底足

因各时期的烧制工艺不同，在烧制时支撑的方式、方法也不同，这使得陶瓷器皿的底足部位有着明显的差异。底足因为有支撑物，凹凸点不同，有的上釉、有的无釉彩，这些都是鉴别瓷器时代的重要特征。因而通过对古瓷器底足的鉴定，能判断其一定的信息。

4. 看古瓷器的款识

款识是刻、印、划在瓷器上的文字或图案标识，目的是为了表明古瓷器的产地、年代、用途、人名、堂名及吉祥语等内容。通过古瓷器上的款识，能辨别出古瓷器的许多信息，用于鉴别其是否为仿品。

陶器上的款识早在新石器时代，包括磁山文化、仰韶文化及良渚文化类型的陶器上都有发现。当时尚无文字，仅仅是刻有符号，是为陶瓷款识的初始。商周以后，逐渐出现了几种类型的款识。一是编号或记号；二是"左司空""大水""北司"等官署名；三是"安陆市亭""概市"等作坊名；四是陶工名，如"伙""成""苍"等；五是地名，如"蓝田""宜阳"等；六是器物所有方的名字，如"北园吕氏缶"等；七是器物放置地名，如"宫厩""大厩"等；八是吉祥语，如"千秋万岁""万岁不败""金玉满堂"等；九是"大明成化年造"等国号；十是广告（招子）类，如上面有"元和十四年四月一日造此罂价值壹千文"。至于印有"福""寿"的民间窑产品，和"内府""官""御"的御窑标记，或作坊名、姓氏，以及订制者的堂、商名等，距今年代越近，款识也越多样化。宋代以后，紫砂陶茶具兴起，供（龚）春从一开始就署了名款，用纪年和国号款的极为少见，吉祥用语只作为壶饰铭刻，这和瓷器具有明显的不同。

一般来说，从书法字体、字数、位置、款式、结构、内容及款的外线框（又分双圈、单圈、无圈等）可加以辨识。字的排列方式有六字两行、三行款，四字两行及四字环形款等。民窑一般是无年款。康熙时楷、行、篆字体并用不多；乾隆时多数不加圈框，特点是堂名特多；嘉庆时出现图章式篆书款；咸丰时篆书减少，民窑篆书章盛行；同治时以青花、红彩或金彩楷书为多，民窑大多用印章式红彩篆书款；光绪以后多不加圈框了。古代茶具的鉴伪，要通晓各朝代的历史知识及社会基本常识，否则就会出差错。

例如，某图书曾收录一兔毫盏之照片，盏底外壁下有"大宋显德年制"六字，而显德为五代时后周最后一个年号。赵匡胤在显德七年正月禅周建立宋王朝，当年改年号为建隆，自然不会使用前朝年号，更不会将"大宋"与"显德"并用，且古人对国号不会有丝毫马虎；再对比书写位置、字体、风格，证明这是一件拙劣的赝品。

再如明代永乐款字浑厚圆润、结构严谨，纪年款均为"永乐年制"的四字篆书和四字楷书，所以六字篆书多是仿制品。仿永乐的瓷具自明代嘉靖、万历就有了，一直仿至现在，但那书体再无真永乐时的圆润柔和。此外，宣德年的"德"字，心上无一横，有者皆伪。正德年即仿宣德瓷款，只要对比器形、胎釉等，便易区分。"大明正德年制"的明字，其"日"与"月"上面是平行的，在德字的"心"上也无一横，"年"字上面一横最短，可以比较。康熙时茶具的仿制品也很多，珐琅器上凡书六个字的均系赝品。

总之，在鉴定古代茶具时，要仔细观察其造型、胎釉、工艺、纹饰、彩料等各个方面。看器物的口、腹、底足、流、柄、系是否符合其时代特征；看整体造型风格，是粗矮、高瘦、饱满、修长等。各朝各代也都有特征，可据其特征加以辨识，以下再列举一些简单的例子。

从底足上或口边露胎的缩釉处，可看出胎质特色。福建胎呈黑紫，吉州的呈米黄或黑中泛青。同是明代，早期的釉色白腻、釉面肥润，隐现橘皮凹凸和大小不等的釉泡，明末的就薄而亮。

成形、装烧、烧成气氛和燃料的不同，也都会在器物表面留下不同的特征。同是宋代，定窑烧成器物口沿无轴；而汝窑采用支钉烧成，通体满釉，只在底部留下芝麻状的支钉痕。

关于纹饰，元代青花布局繁密，多达七八层；到明初，则趋于疏朗。同样是最普遍的龙形，不但有三爪、四爪、五爪之分，龙的神气也各不一样。

关于彩料，同是青花，明初用的是"苏泥麻"青料，有黑疵斑点，是宣德青花的主要特征；明中期以后改江西产的"陂塘青"，以淡雅为特征，表现的内容也从豪放变成恬静。

在纹饰上，做假仿制者最缺乏用笔自然流畅、挥洒自如的美感。古瓷釉色是静穆的，仿制品则有浮光（又称燥光、贼光）。仿制者虽想方设法要去掉浮光，他们采用酸浸、皮革打磨、茶水和碱同煮等方法，但总不能达到古瓷釉色那样的自然效果。我们还可以把彩瓷迎光斜视，彩的周围有一层淡淡的红色光泽（俗称"蛤蜊光"）者是白年以上器物；再就是掂在手上感觉，其重量是沉厚还是轻浮（俗称"手头"）等，以此作为鉴别条件。

以上仅仅是鉴别的一些普通的常识，所以一般不能仅仅凭款来断真伪，要结合实物，从多方面加以辨别，才能得出正确的结论。

第三节　茶具的选择搭配

一、茶具与冲泡茶品：器雅茶美两相宜，茶色杯影相交映

（一）茶具材质与茶品的关系

根据不同茶叶的特点，选择不同质地的茶具，才能相得益彰。茶具质地主要指茶具密度。密度高的茶具，因气孔率和吸水率低，可用于冲清淡风格的茶。如冲泡各种名绿茶、绿茶、花茶、红茶及白毫乌龙等，可用高密度瓷器、玻璃器或银器，泡茶时茶香不易被吸收，显得特别清冽；透明玻璃杯亦可用于冲泡名绿茶，便于观形、色。而那些香气低沉的茶，如铁观音、水仙、普洱茶等，则常用低密度的陶器冲泡，主要是紫砂壶，因其气孔率和吸水率高，故茶泡好后，持壶盖即可闻其香气，尤显醇厚。

在冲泡乌龙茶时，宜同时使用闻香杯和啜茗杯。闻香杯质地要求致密，当茶汤由闻香杯倒入啜茗杯后，闻香杯中残余的茶香不易被吸收，可以用手捂之，其杯底香味在手温作用下很快发散出来，达到闻香目的。

茶具质地还和施釉与否有关。原本质地较为疏松的陶器，若在内壁施以白釉，就等于穿了一件保护衣，使气孔封闭，成为类似密度高的瓷器茶具，同样可用于冲泡清淡的茶类。这种陶器的吸水率也变小了，气孔内不会残留茶汤和香气。

茶品类	主泡茶具	材质
白茶	壶、盖碗、杯	瓷、高温陶、紫砂、玻璃
黄茶	壶、盖碗、杯	瓷、玻璃
绿茶	壶、盖碗、杯	瓷、玻璃
青茶	壶、盖碗、杯	瓷、紫砂、高温陶
红茶	壶、盖碗、杯	瓷、紫砂
黑茶	壶、盖碗、杯	紫砂、陶、铁
花茶	壶、盖碗、杯	瓷、玻璃

（二）茶色杯色的审美情趣

古往今来，大凡讲究品茗情趣的人，都注重品茶韵味，崇尚意境高雅，强调"壶添品茗情趣，茶增壶艺价值"。认为好茶好壶，犹似红花绿叶，相映生辉。对一个爱茶人来说，不仅要会选择好茶，还要会选配好茶具。因此，在历史上，有关饮茶制宜选配茶具的记述是很多的。

唐代陆羽通过对各地所产瓷器茶具比较后，认为"邢（今河北巨鹿、广宗以西、泜河以南、沙河以北一带）不如越（今浙江绍兴、萧山、浦江、上虞、余姚等地）。"这是因为唐代人们喝的是饼茶，茶须烤炙研碎后，再经煎煮而成，这种茶的茶汤呈白红色，即淡红色。一旦茶汤倾入瓷茶具后，汤色就会因瓷色的不同而起变化。"邢州瓷白，茶色红；寿州（今安徽寿县、六安、霍山、霍邱等地）瓷黄，茶色紫；洪州（今江西修水、锦江流域，和南昌、丰城、进贤等地）瓷褐，茶色黑，悉不宜茶。"而越瓷为青色，倾入淡红色茶汤，呈绿色。陆氏从茶叶欣赏的角度，提出了"青则益茶"，认为以青色越瓷茶具为上品。而唐代的皮日休和陆龟蒙则从茶具欣赏的角度提出了茶具以色泽如玉又有画饰的为最佳。

从宋代开始，饮茶习惯逐渐由煎煮改为"点注"，团茶研碎经"点注"后，茶汤色泽已近白色了。这样，唐时推崇的青色茶碗也就无法衬托出白色。而此时作为饮茶的碗已改为盏，这样对盏色的要求也就起了变化。"盏色贵黑青"，认为黑釉茶盏才能反映出茶汤的色泽。宋代蔡襄在《茶录》中写道："茶色白，宜黑盏。建安（今福建建瓯）所造者绀黑，纹如兔毫，其坯微厚，之就热难冷，最为要用。"蔡氏特别推崇"绀黑"的建安兔毫盏。

明代，人们已由宋时的团茶改饮散茶。明代初期饮用的芽茶，茶汤已由宋代的白色变为黄绿色，这样对茶盏的要求当然不再是黑色了，而是时尚的白色。对此，明代的屠隆就认为茶盏"莹白如玉，可试茶色"。明代张源的《茶录》中也写道："茶瓯以白瓷为上，蓝者次之。"明代中期以后，瓷器茶壶和紫砂茶具兴起，茶汤与茶具色泽不再有直接的对比与衬托关系。人们饮茶的注意力转移到茶汤的韵味上来了，对茶叶色、香、味、形的要求，主要侧重在"香"和"味"。这样，人们对茶具特别是对壶的色泽，并不给予较多的注意，而是追求壶的雅趣。明代冯可宾在《岕茶笺》中写道："茶壶以小为贵，每客小壶一把，任其自斟自饮方为得趣。何也？壶小则香不涣散，味不耽搁。"强调茶具选配得体，才能尝到真正的茶香味。

清代以后，茶具品种增多，形状多变、色彩多样，再配以诗、书、画、雕等艺术，把茶具制作推向新的高度。而多种茶类的出现，又使人们对茶具的种类与色泽、质地与式样，以及茶具的轻重、厚薄、大小等提出了新的要求。

一般来说，饮用花茶为利于香气的保持，可用壶泡茶，然后斟入瓷杯饮用。

饮用红茶和绿茶，注重茶的韵味，可选用有盖的壶、杯或碗泡茶。

饮用乌龙茶则重在"啜"，宜用紫砂茶具泡茶。

饮用红碎茶与工夫红茶，可用瓷壶或紫砂壶来泡茶，然后将茶汤倒入白瓷杯中饮用。

品饮西湖龙井、洞庭碧螺春、君山银针、黄山毛峰等细嫩名茶，则用玻璃杯直接冲泡最为理想。至于其他细嫩名优绿茶，除选用玻璃杯冲泡外，也可选用白色瓷杯冲泡饮用。但不论冲泡何种细嫩名优绿茶，茶杯均宜小不宜大，大则水量多、热量大，会将茶叶泡熟，使茶叶色泽失却绿翠；其次会使芽叶软化，不能在汤中林立，失去姿态；第三会使茶香减弱，甚至产生"熟汤味"。

此外，冲泡红茶、绿茶、黄茶、白茶，使用盖碗也是可取的。

在我国民间，还有"老茶壶泡，嫩茶杯冲"之说。这是因为较粗老的茶叶用壶冲泡，一则可保持热量，有利于茶叶中的水浸出物溶解于茶汤，提高茶汤中的可利用部分；二则较粗老茶叶缺乏观赏价值，用来敬客不大雅观，这样还可避免失礼之嫌。而细嫩的茶叶，用杯冲泡一目了然，同时可收到物质享受和精神享受之美。

二、茶具与地域：西风古道与烟雨江南

我国地域辽阔，各地的饮茶习俗不同，故对茶具的要求也不一样。

长江以北一带，大多喜爱选用有盖瓷杯冲泡花茶，以保持花香，或用大瓷壶泡茶，尔后将茶汤倾入茶杯饮用。

在长江三角洲沪杭宁和华北京津等一些大中城市，人们喜好品饮细嫩名优茶，既要闻其香、啜其味，还要观其色、赏其形，因此，特别喜欢用玻璃杯或白瓷杯泡茶。

在江浙一带的许多地区，饮茶注重茶叶的滋味和香气，因此也喜欢选用紫砂茶具泡茶，或用有盖瓷杯沏茶。

福建及广东潮州、汕头一带，习惯于用小杯啜乌龙茶，故选用"烹茶四宝"——潮汕风炉、玉书煨、孟臣罐、若琛瓯泡茶，以鉴赏茶的韵味。潮汕风炉是一只缩小了的粗陶炭炉，专做加热之用；玉书煨是一把缩小了的瓦陶壶，高柄长嘴，架在风炉之上，专做烧水之用；孟臣罐是一把比普通茶壶小一些的紫砂壶，专做泡茶之用；若琛瓯是只有半个乒乓球大小的 2～4 个小茶杯，每只只能容纳大约 4 毫升茶汤，专供饮茶之用。小杯啜乌龙，与其说是解渴，不如说是闻香玩味。这种茶具往往又被看作是一种艺术品。

四川人饮茶特别钟情盖茶碗。喝茶时，左手托茶托不会烫手，右手拿茶碗盖用以拨去浮在汤面的茶叶；加上盖能够保香，去掉盖又可观姿察色。选用这种茶具饮茶，颇有清代遗风。

至于我国边疆少数民族地区，至今多习惯于用碗喝茶，古风犹存。

三、茶人个性化选择：豪放与婉约

不同的人用不同的茶具，这在一定程度上反映了人们的地位与身份。在陕西扶风法门寺地宫出土的茶具表明，唐代皇宫贵族选用金银茶具、秘色瓷茶具和琉璃茶具饮茶；而陆羽在《茶经》中记述的同时代的民间饮茶用的瓷碗。清代的慈禧太后对茶具更加挑剔，她喜用白玉作杯、黄金作托的茶杯饮茶。而历代的文人墨客，都特别强调茶具的"雅"。宋代文豪苏东坡在江苏宜兴蜀山讲学时，自己设计了一种提梁式的紫砂壶，"松风竹炉，提壶相呼"，独自烹茶品赏。这种提梁壶，至今仍为茶人所推崇。清代江苏溧阳知县陈曼生，爱茶尚壶。他工诗文，擅书画、篆刻，于是去宜兴与制壶高手杨彭年合作制壶，由陈曼生设计、杨彭年制作，再由陈曼生镌刻书画，作品人称"曼生壶"，为鉴赏家所珍藏。在中国古典文学名著《红楼梦》中，对品茶用具更有细致的描写，其第四十一回"贾宝玉品茶栊翠庵"中，写栊翠庵尼姑妙玉在待客选择茶具时，因对象身份和与宾客的亲近程度而异。她亲自手捧"海棠花式雕漆填金"的"云龙献寿"小茶盘，放着沏有"老君眉"名茶的"成窑五彩小盖盅"，奉献给贾母；用镌有"晋王恺珍玩"的"瓟斝"烹茶，奉与宝钗；用镌有垂珠篆字的"点犀盉"泡茶，捧给黛玉；用自己常日吃茶的那只"绿玉斗"，和一只"九曲十环一百二十节蟠虬整雕竹根的一个大盏"斟茶，递给宝玉；给其他众人用的是一色的官窑脱胎填白盖碗。

现代人饮茶时，对茶具的要求虽然没那么严格，但也根据各自的饮茶习惯，结合自己对壶艺的要求，选择最喜欢的茶具。而一旦宾客登门，则想把自己最好的茶具拿出来招待客人。

另外，年龄不一、性别不同、职业有别，对茶具的要求也不一样。如老年人讲求茶的韵味，常要求茶叶香高味浓，重在物质享受，因此多用茶壶泡茶；年轻人以茶会友，常要求茶叶香清味醇，重于精神品赏，因此多用茶杯沏茶。男士多习惯于用较大素净的壶或杯斟茶；女士多爱用小巧精致的壶或杯冲茶。脑力劳动者崇尚雅致的壶或杯细品缓啜；体力劳动者常选用大杯或大碗，大口急饮。

在选用茶具时，尽管人们的爱好多种多样，但以下三个方面却都是需要加以考虑的：一是要有实用性，二是要有欣赏价值，三是要有利于茶性的发挥。不同质地的茶具，这三方面的性能是不一样的。

一般来说，各种瓷茶具，保温、传热适中，能较好地保持茶叶的色、香、味、形之美，而且洁白卫生，不污染茶汤，适宜地加上图文装饰，更增加了艺术欣赏价值。

紫砂茶具泡茶，既无熟汤味，又可保持茶的真香，加之保温性能好，隔热防馊；但其色泽多数深暗，用它泡茶，不论是红茶、绿茶、乌龙茶，还是黄茶、白茶和黑茶，对汤色均不能起衬托作用，对外形美观的茶叶，难以观姿察色，是其美中不足之处。

玻璃茶具，透明度高，用其冲泡高级细嫩名茶，茶姿汤色易见，可增加饮茶情趣；但它传热快、不透气、茶香容易散失，所以用玻璃杯泡乌龙茶或生茶则不很适合。

搪瓷茶具，具有坚固耐用、携带方便等优点，在车间、工地、田间，甚至出差旅行，常用它来饮茶；但因易灼手烫口，也不宜用来泡茶待客。

塑料茶具，因质地关系，常带有异味，这是饮茶之大忌，最好不用。

市场上还有一类保暖茶具，大的如保暖桶，常见于工厂、机关、学校等公共场所；小的如保暖杯，一般为个人独用。用保暖茶具泡茶，会使茶叶因泡熟而茶汤泛红、茶香低沉，失去鲜爽味，用来冲泡粗老的茶叶尚可。

至于其他诸如金玉茶具、脱胎漆茶具、竹编茶具等，或因价格昂贵、做工精细而艺术价值极高，平日很少用来泡茶，往往作为珍品收藏或礼品馈赠亲友。

第四章 以器入道：步入茶艺术殿堂

在充分了解了品茗器具的基本内容之后，我们就可以将自己选择的茶具运用到行茶的整个实践活动之中了。

品茗是生活中营造愉悦生活的一种行为。在享受茶滋味之佳韵，茶具器物之美之余，逐渐地培养茶人的礼仪、举止、动作，将生活中的日常习惯引入审美的境界。

以器入艺，热衷品茗实践并坚持下来，就可成为一位真正的茶人了。茶人修养中，重要的内容是崇礼敬人。

第一节　茶艺的美学内涵

茶艺美的要求是人之美、器之美、茶之美、水之美、境之美及艺之美。其中人是第一要素。茶由人制、境由人创、水由人鉴，茶具器皿由人选择组合，茶艺程序由人编排演示，人是茶艺最根本的要素，也是最美的要素。我们从以下几个方面来探讨茶人之美学修为。

一、仪表美

人之美，作为自然人通过外在形体、动作、服饰等表现美与修养；作为社会人通过语言、表情等尽显内心的美好。茶艺审美从一开始就对仪表有必要的要求。仪表美通过形体、服饰、发型等综合表现出来。

（一）形体美

人体美学带有深刻的社会内容，对形体美的评价认识不能不受各时代人们审美观念的制约。产生《诗经》的时代多以窈窕为美，唐代则以丰肥为美，宋代则以瘦削为美。现代女性形体美的大致趋向是统一的，表现为匀称、适度的骨骼美，富有弹性并显示出人体形态强健协调的肌肉美，红润而富有光泽的肤色美。综合来说，不论男女，人体形体美所包含的基本要素为均衡、对称、对比、曲线。

1. 均衡

均衡是指身体各部分的发育符合一定的比例。成年女性其肩宽约相当于两个头宽，腰为一个头宽，髋骨的宽度宜小于或等于肩宽；而成年男性肩约为两个半头宽，髋小于两个头宽。

均衡还指身体的协调。一个协调的体型会给人竖看直立、横看宽阔的感觉。这种协调不仅包含人体各部分长度、维度和体积的协调，也包含色彩、光泽、姿态动作和神韵的协调。

2．对称

人体的对称是指左右对称，从正面或背面看身体左右两侧的平衡发展。处于正常站姿和坐姿时，人体的对称轴最好与地面垂直。控制人体对称轴的重要部位是脊柱，脊柱的偏斜、扭曲会破坏人体的对称。除此之外，两肩、两髋、两外踝之间的连线均宜与地面保持平行。

同时四肢也要对称。因长期从事某单一工作，或不当的生活习惯形成的不良身体姿势，都会造成身体的不对称，容易影响内脏器官的正常发育，青少年尤需注意。

然而，绝对的对称往往给人以呆板和僵硬的感觉。细小部位的不对称可使人生动活泼起来，如发型、服饰等。

3．对比

人的体型需要符合对比美的规律。

（1）性别对比　男子需符合男性的阳刚之美，女子需符合女性的阴柔之美。

（2）上下肢的对比　下肢宜有粗线条和稳定的结构，上肢则有细线条和多变的结构。

（3）躯干与四肢的对比。

4．曲线

人体形态曲线美的第一个含义是流畅、鲜明、简洁；第二个含义是线条起伏对比恰到好处。

人体的曲线是丰富多变的，这些曲线的起伏、对比应该是生动而有节奏的，如胸要挺、腹要收、背要拔、腰要立、肩要宽、臀圆满适度、大腿修长、脊柱正常的生理弯曲十分明显等。

针对性别不同，男女身体的曲线美也有所不同。女子的曲线是纤细连贯的，从整体看起伏较大，从局部看则平滑流畅；男子的曲线是粗犷刚劲的，从整体看起伏较小，从局部看由于肌肉块的隐现而有隆起。总之，女子的曲线宜显现出柔润之美，男子的曲线宜显现出力量之美。

（二）服饰美

服饰美可反映出着装人的性格与审美趣味，并影响其在茶事活动中的效果。茶艺表演所需要的服饰首先应与所要表演的茶艺内容相适，其次才是式样、做工、质地和色泽的要求。宫廷茶艺有宫廷茶艺的要求，民俗茶艺有民俗茶艺的格调。就一般的茶艺而言，表演者宜穿着具有民族特色的服装，而不宜"西化"。在正式的表演场合，表演者不可戴手表，不宜佩戴过多的装饰品，不可涂抹有香味的化妆品和浓妆艳抹。

（三）发型美

发型美是构成仪表美的三要素之一，同时也是一个比较容易被忽视的要素。近年来，出现各式各样的烫发、染色、先锋派、前卫派、抽象派。"个性化"的发型已屡见不鲜，这是社会开放的必然结果，无可厚非。但是就茶艺表演而言，发型的"个性化"绝不可以与表演的内容相冲突。发型设计必须结合茶艺的内容、服装的款式及表演者的状态等因素，尽可能取得整体和谐美的效果。

二、风度美

风度美包括仪态美、神韵美、语言美和内在美。一个人的风度是在长期的社会生活实践和一定文化氛围中逐渐形成的，是个人性格、气质、情趣、精神世界和生活习惯的综合外在表现，是社交活动中的无声语言。一般而言，不同阶层、不同职业的人会有不同的风度。如学者有学者的风度、政治家有政治家的风度、军人有军人的风度、演员有演员的风度，茶人自有茶人独特的风度。

（一）仪态美

礼节是指人们在交际和日常生活中，相互表示尊重、友好、祝愿、慰问及给予必要的协助与照料的惯用形式，实际上是礼貌的具体表现方式。没有礼节，就无所谓礼貌；有了礼貌，就必然伴有具体的礼节。礼节主要包括待人的方式、招呼和致意的形式、公共场合的举止和风度等。

在茶艺活动中，注重礼节、互致礼貌、表示友好与尊重，能体现良好的个人修养，同时还能带给他人愉悦的心理感受。茶艺活动中的常用礼节主要包括伸掌礼、叩手（指）礼、寓意礼、握手礼等。

1．伸掌礼

这是品茗活动中用得最多的示意礼。在正式的茶艺表演中，主泡与助泡之间协同配合，要应用此礼；非正式表演，即一般日常待客品茶时，主人向客人敬奉各种物品也都常用此礼。表示的意思为"请""谢谢"。当两人相对时，可伸右手掌对答表示；若侧对，则右侧方伸右掌、左侧方伸左掌对答表示。

伸掌礼动作要领：五指并拢，手心向上。伸手时要求手略斜并向内凹，手心中要有含着一个小气团的感觉，手腕要含蓄有力，同时欠身并点头微笑，动作要一气呵成。

2．叩手（指）礼

此礼是从古时中国的叩头礼演化而来的。古时叩头又称叩首，以"手"代"首"，这样"叩首"为"叩手"所代。早先的叩手礼是比较讲究的，必须屈腕握空拳，叩指关节。随着时间的推移，逐渐演化为将手弯曲，用几个指头轻叩桌面，以示谢忱。

叩手（指）礼动作要领：长辈或上级给晚辈或下级斟茶时，下级或晚辈应用双指作跪拜状叩击桌面两三下；晚辈或下级为长辈或上级斟茶时，长辈或上级只需用单指叩击桌面两三下，表示谢谢。

3．寓意礼

在长期的茶艺活动中，形成了一些寓意美好的礼节动作。在冲泡时不必使用语言，宾主双方就可进行沟通。

常见寓意礼的动作要领："凤凰三点头"，即用手高提水壶，让水直泻而下，接着利用手腕的力量，上下提拉注水，反复三次，让茶叶在水中翻动，寓意向客人三鞠躬以示欢迎；回旋注水，在进行烫壶、温杯、温润泡茶、斟茶等操作时，若用右手必须按逆时针方向，若用左手则必须按顺时针方向回旋注水，类似于招呼手势，寓意欢迎，反之则变成暗示挥手拒绝的意思；斟茶时只能斟到七分杯，谓之曰"酒满敬人，茶满欺人"。

4．握手礼

握手强调"五到"，即身到、笑到、手到、眼到、问候到。

握手礼的动作要领：握手时，距握手对象约 1 米处，上身微向前倾斜，面带微笑，伸出右手，四指并拢，拇指张开与对象相握。眼睛要平视对方的眼睛，同时寒暄问候。握手时间一般以 3～5 秒为宜。握手力度适中，上下稍许晃动三四次，随后松开手来，恢复原状。

握手的禁忌：拒绝他人的握手、用力过猛、交叉握手、戴手套握手、握手时东张西望等。

【不同民族和地区还有不同的茶礼和忌讳】

蒙古族敬茶时，客人应躬身双手接茶而不可单手接茶；土家族人忌讳用有裂缝和有缺口的茶碗上茶；藏族同胞忌讳把茶具倒扣放置；生活在西北地区的少数民族一般都忌讳高斟茶，特别是忌讳在斟茶时冲起满杯的泡沫。

在广东，客人用盖碗（三才杯）品茶时，如果不是客人自己揭开杯盖要求续水，茶艺馆的工作人员不可以主动为客人掀盖添水等。

各地的茶礼、茶俗很多，我们应当尽可能多学习一些，以免犯忌。

仪态美还包括站姿美、坐姿美、步态美等，都必须经过严格的专业训练，才能做到规范、自然、大方和优美。这些内容会在后面详细阐述。

（二）神韵美

神韵美是一个人的神情和风韵的综合反应，主要表现在眼神和面部表情。茶人的神韵美应特别注意"巧笑倩兮，美目盼兮"，以"巧笑"使人感到亲切、感到温暖、感到愉悦，通过眉目传神、顾盼生辉来打动人心，给人以美的享受。

有了神韵美的配合，便可化静态的美为动态的美。

茶人的神韵美，"巧笑倩兮，美目盼兮"；"巧笑"使人感觉亲切温暖，"美目"通过目光交流与人和谐沟通，微笑对人，落落大方

（三）语言美

俗话说："好话一句三春暖，恶语一句三伏寒。"这句话形象而生动地概括了语言美在社交中的作用。茶室是高雅的社交场所，它要求茶人在人际交往中谈吐文雅、语调轻柔、语气亲切、态度诚恳、讲究语言艺术。茶艺中的语言美包含了语言规范和语言艺术两个层次。

1．语言规范

语言规范是语言美最基本的要求。茶室中的语言规范可归纳为，待客有"五声"、待客时宜用"敬语"、杜绝"四语"。

"五声"是指宾客到来时有问候声、落座后有招呼声、得到协助和表扬时有致谢声、麻烦宾客或工作中有失误时有致歉声、宾客离开时有道别声。

"敬语"包含尊敬语、谦让语和郑重语。说话者直接表示自己对听者敬意的语言称为尊敬语；说话者通过自谦，间接地表示自己对听者敬意的语言称为谦让语；说话者使用客气礼貌的语言向听者间接地表示敬意则称作郑重语。敬语是服务行业的专业用语之一，其最大特点是彬彬有礼、热情庄重，使听者消除生疏感，产生亲切感。

要杜绝的"四语"：不尊重宾客的蔑视语、缺乏耐心的烦躁语、不文明的口头语、自以为是或刁难他人的斗气语，如"哎""喂""不行""没有了"；也不能漫不经心、粗音恶语或高声叫喊等。服务有不足之处或客人有意见时，应使用道歉语，如"对不起""打扰了""让您久等了""请原谅""给您添麻烦了"等。

2. 语言艺术

"话有三说，巧说为妙。"美学家朱光潜先生曾说："话说得好就会如实地达意，使听者感受到舒适，产生美的感受。这样的说话就成了艺术。"可见，语言艺术一是要"达意"，二是要"舒适"。

"达意"即语言要准确、吐音要清晰、用词要得当，不可"含糊其辞"，也不可"夸大其词"；"舒适"即要求说话者声音柔和悦耳、吐字娓娓动听、节奏抑扬顿挫、风格诙谐幽默、表情真诚自信、表达自然流畅。

要达到使听者"舒适"，还应当切忌说教式或背诵式地讲话，而应当如挚友谈心，相互有真情地交流和沟通，引发对美的共鸣。

口头语言之美若辅以身体语言之美，如手势、眼神、面部表情的配合，则更能让人感受到情真意切。尤其是眼睛，眼睛是心灵的窗户，最富有传神或表达的能力。我们在追求语言美时千万别忘了眼睛，因为眼睛是会"说话"的。

主要茶事活动包括问候语、应答语、赞赏语、迎送语。

（1）问候语

① 标准式问候用语。如"你好""您好""各位好""大家好"等。
② 时效式问候用语。如"早上好""早安""中午好""下午好""午安""晚上好""晚安"等。

（2）应答语　如"是的""好""很高兴能为您服务""随时为您效劳""我会尽力按照您的要求去做""一定照办"等。

（3）赞赏语

① 评价式赞赏用语。如"太好了""对极了""真不错""相当棒"等。
② 认可式赞赏用语。如"还是您懂行""您的观点非常正确"等。
③ 回应式赞赏用语。如"哪里，我做的不像您说得那么好"。

（4）迎送语

① 欢迎用语。如"欢迎光临""欢迎您的到来""见到您很高兴"等。
② 送别用语。如"再见""慢走""欢迎再来""一路平安"等。

（四）内在美

茶人的内在之美，体现在对中国茶文化精神的体悟与契合。主要表现在"和、敬、俭、真"四个方面。

"和"意为中和。"和"源于《周易》中的保合太和。其意思是世间万物皆由阴阳两要素构成，阴阳协调。天地万物以其应有的规律和谐共处。人与社会及自然均衡和谐有序共存，是真正稳定发展的理想境界。

"敬"指对他人的礼敬。在茶文化精神中，礼的意味很深，包括对亲友、长幼、工作伙伴等每位社会成员的尊敬、尊重、礼貌，是重要的交往规则。

"俭"是指精行俭德。"茶之为用......为饮，最宜精行俭德之人"（陆羽《茶经》）。一个优秀的茶人，应严格按照社会道德规范行事，不逾规；恪守传统道德精神，不懈怠。

"真"则是求真，即本真、本质、真理。人们通过茶事活动，发现意境高远的美学真谛，探寻宇宙自然规律的本质，以自己健康的体魄、畅适的心情，与大自然融合与共，共筑美好未来。

通过品茶习茶等活动，人们可表现出积极进取的态度、谦和雅致的行为方式、豁达的心境与宽广的视野。既达到了修身养性、品味人生的目的，又有助于在自然社会发展中和谐生活，做出更大贡献。

生活因茶而有了更深远的意义。

第二节　茶艺礼仪与茶人的风度

古人讲"礼者敬人也"。礼仪是一种待人接物的行为规范，也是交往的艺术，是一个人的道德水平、文化修养、交际能力的外在表现。对社会而言，礼仪是文明秩序、道德风尚和生活习惯的重要组成部分。

举止是人的行为动作和表情。在日常生活中的站、坐、走的姿态，举手投足、一颦一笑都可概言为举止。优雅的举止能体现人们良好的修养和高雅的气质，还能给交往对象留下美好的印象。如何培养优雅的举止？途径是注重培养优雅举止的意识，了解优雅举止的要求及要领，克服不雅举止习惯并坚持不懈地去做。

掌握站、坐、走、鞠躬的基本要求及要领，是形成优美体态、高雅气质的开始，助你开启优雅生活之门。

一、基本站姿

【站姿训练的实用方法】

（1）两人一组背靠背站立，中间夹一张纸。要求两人脚跟、臀部、双肩、背部、后脑勺贴紧，纸不能掉下来。每次训练 10 ～ 15 分钟。

（2）单人靠墙站立，要求脚跟、臀部、双肩、背部、后脑勺贴紧墙面，同时将右手放到腰与墙面之间，用收腹的力量夹住右手。每次训练 10 ～ 15 分钟。

（3）用顶书本的方法来练习。头上顶一本书，为使书本不掉下来，就会自然地头上顶、下颌微收、眼平视、身体挺直。

基本站姿要领：双脚并拢，身体挺直，大腿内侧肌肉夹紧，收腹、提臀、立腰、挺胸，双肩自然放松、头上顶、下颌微收，眼平视，面带微笑。

二、基本坐姿

【坐姿训练的实用方法】

（1）练习入座要从左侧轻轻走到座位前，转身后右脚向后撤半步，从容不迫地慢慢坐下，然后把右脚与左脚并齐。离座时，右脚向后收半步，而后起立。

（2）坐姿可在教室或居室随时练习，坚持每次 10 ～ 20 分钟。

（3）坐姿切忌两膝盖分开、两脚呈"八"字形；也不可两脚尖朝内、脚跟朝外，呈内"八"字形。坐下要保持安静，忌东张西望；双手可相交搁在大腿上，或轻搭在扶手上，但手心应向下。

基本坐姿要领：入座要轻而稳，坐在椅子或凳子的前 1/2 或 2/3 处，使身体重心居中。女士着裙装要先轻拢裙摆，而后入座。入座后，双目平视，微收下颌，面带微笑；挺胸直腰、两肩放松；双膝、双脚并拢，双手自然地放在双膝上或椅子的扶手上。全身放松，姿态自然、安详舒适，端正稳重。

右　坐姿侧面观

左　坐姿正面观

右　行姿侧面观

左　行姿正面观

172

三、行姿（走姿）

【行姿训练的实用方法】

（1）双肩、双臂摆动训练　身体直立，以身体为柱、肩关节为轴向前摆臂30°，向后摆至不能摆为止。纠正肩部过于僵硬和双臂横摆。

（2）走直线训练　找条直线，行走时两脚内侧落在该线上，证明走路时两只脚的步位基本正确。纠正内外"八字脚"和步幅过大或过小。

（3）步幅与呼吸应配合，呈有规律的节奏　穿礼服、裙子或旗袍时，步幅不可过大，应轻盈优美。若穿长裤步幅可稍大，会显得生动些，但最大步幅也不可超过脚长的1.6倍。

基本行姿要领：双目向前平视，微收下颌，面带微笑；双肩平稳，双臂自然摆动，摆幅以在30°～35°为宜；上身挺直、头正扩胸、收腹、立腰、重心稍前倾；行走时移动双腿，跨步脚印为一条直线，脚尖应向着正前方，脚跟先落地，脚掌紧跟落地；步幅适当，一般应该是前脚脚跟与后脚脚尖相距一脚之长；上身不可扭动摇摆，应保持平稳。
良好的步态应是轻盈自如、矫健协调而富有节奏感的。

四、鞠躬

鞠躬礼源自我国，指弯曲身体向尊敬者表示敬重之意，代表行礼者的谦恭态度。礼由心生，外表的身体弯曲，表示了内心的谦逊与恭敬。目前在许多国家，鞠躬礼已成为常用的人际交往礼节。

鞠躬礼是茶艺活动中常用的礼节。茶艺表演开始和结束，主客均要行鞠躬礼，有站式、坐式和跪式三种。根据鞠躬的弯腰程度又可分为"真、行、草"三种。"真礼"用于主客之间，"行礼"用于客人之间，"草礼"用于说话前后。

中　行礼正面观

左　真礼正面观

右　草礼侧面观

中　行礼侧面观

左　真礼侧面观

【站式鞠躬礼动作要领】

以站姿为预备，左脚先向前，右脚靠上；左手在里，右手在外；四指合拢相握于腹前。然后将相搭的两手渐渐分开，平贴着两大腿徐徐下滑，至手指尖触及膝盖上沿为止，同时上半身平直弯腰，弯腰下倾时作吐气，身直起时作吸气。弯腰到位后略作停顿，表示对对方真诚的敬意；再慢慢直起上身，表示对对方连绵不断的敬意。同时手沿腿上提，恢复原来的站姿。

行礼时的速度要尽量与别人保持一致，以免出现不协调感。"真礼"要求头、背与腿呈90°的弓形（切忌只低头不弯腰或只弯腰不低头）；"行礼"要领与"真礼"同，仅双手至大腿中部即可，头、背与腿约呈120°的弓形；"草礼"只需将身体向前稍作倾斜，两手搭在大腿根部即可，头、背与腿约呈150°的弓形。

左 跪坐式正面观　右 跪坐式侧面观

【跪式鞠躬礼动作要领】

"真礼"以跪坐姿为预备，背、颈部保持平直，上半身向前倾斜，同时双手从膝上渐渐滑下，全手掌着地，两手指尖斜相对，身体呈45°前倾（切忌只低头不弯腰或只弯腰不低头），稍作停顿，慢慢直起上身。

同样，行礼时动作要与呼吸相配，弯腰时吐气、直身时吸气，速度与他人保持一致。"行礼"方法与"真礼"相似，但两手仅前半掌着地（第二手指关节以上着地即可），身体约呈55°前倾；行"草礼"时仅两手手指着地，身体约呈65°前倾。

右　草礼正面观
中　行礼正面观
左　真礼正面观

右　草礼侧面观
中　行礼侧面观
左　真礼侧面观

第三节　茶具泡茶程式的演示

一、玻璃杯绿茶茶艺演示（视频）

演示视频

备具：玻璃杯三只、白瓷壶一把、电随手泡一套、茶荷一个、茶道组合一套、茶盘一个、香炉一个、香一支、茶巾一条。
备茶：明前龙井 12 克。

基本程序有十二道，具体如下。

第一道　点香
焚香除妄念，即通过点香营造祥和肃穆的气氛，并达到驱除妄念、心平气和的目的。

第二道　洗杯
润杯去凡尘。当着各位嘉宾的面，把干净的玻璃杯再烫洗一遍，以示尊敬。

第三道　凉汤
玉壶养太和。狮峰龙井茶芽极细嫩，若直接用开水冲泡，会烫熟了茶芽而造成熟汤失味，所以要先把开水注入瓷壶中养一会儿，待水温降到 80℃左右时再来冲茶。

第四道　投茶
清宇迎佳人，即用茶匙将茶叶投入到冰清玉洁的玻璃杯中。

第五道　润茶
甘露润莲心，即向杯中注入约 1/3 容量的热水，起到润茶的作用。

第六道 冲水

凤凰三点头。冲泡龙井讲究高难度冲水。在冲水时使水壶有节奏地"三起三落"而水流不间断，这种冲水的技法称为"凤凰三点头"，意为凤凰再三向嘉宾们点头致意。

第七道 泡茶

碧玉沉清江。冲水后，龙井茶吸收了水分，逐渐舒展开来并慢慢沉入杯底，称之为"碧玉沉清江"。

第八道 奉茶

芳茗敬知音。向宾客奉茶，意在祝福好人一生平安。

第九道 赏茶

春波展旗枪。杯中的热水如春波荡漾，在热水的浸泡下，龙井茶的茶芽慢慢地舒展开来。尖尖的茶芽如枪、展开的叶片如旗。一芽一叶称之为"旗枪"，一芽两叶称之为"雀舌"。展开的茶芽簇立在杯底，在清碧澄静的水中或上下浮沉、或左右晃动，宛如春兰初绽，又似有生命的精灵在舞蹈。

第十道 闻茶

慧心悟茶香。龙井茶四绝是"色绿、形美、香郁、味醇"，所以品饮龙井要"一看、二闻、三品味"。这里是闻茶香。

第十一道 品茶

细品回至味。品饮龙井也极有讲究，清代茶人陆次之说："龙井茶，真者甘香而不冽，啜之淡然，似乎无味，饮过之后，觉有一种太和之气，弥沦于齿颊之间，此无味之味，乃至味也。"此道要慢慢啜、细细品，让龙井茶的太和之气沁人肺腑。

第十二道 谢茶

知雅乐无穷。请宾客自斟自酌，通过亲自动手，从茶艺活动中去感受修身养性，品味人生的无穷乐趣。

右 [4] 投茶　清宇迎佳人
左 [3] 凉汤　玉壶养太和

右 [6] 冲水　凤凰三点头
左 [5] 润茶　甘露润莲心

右 [8] 奉茶 芳茗敬知音
左 [7] 泡茶 碧玉沉清江

右 [10] 闻茶 慧心悟茶香
左 [9] 赏茶 春波展旗枪

右 [12] 谢茶 知雅乐无穷
左 [11] 品茶 细品回至味

二、紫砂壶乌龙茶茶艺演示（视频）

备具：茶盘一个、茶道组合一套、品茗杯三个、闻香杯三个、茶垫（托）三个、公道杯一个、紫砂壶一把、茶荷一个、茶巾一块、随手泡一个。
备茶：安溪铁观音8克。

基本程序有十六道，具体如下。

第一道 介绍茶具

紫檀"六用"，又称"茶艺六君子"：茶则用以量取干茶；茶匙用以辅助拨取干茶；茶夹用以夹取精美的茶具；茶漏用以扩大壶口面积，防止干茶外漏；茶针用以疏通阻塞的壶口；茶荷用以盛放干茶。随手泡用以随时为您添加热水。此外，还有紫砂壶、公杯、滤网、闻香杯、品茗杯、茶垫。茶盘用以盛放精美的茶具；茶巾用以擦拭水渍，随时保持茶盘的整洁。

第二道 翻杯

高的是闻香杯，用以闻茶的香气；矮的是品茗杯，用以品尝茶汤的味道。

第三道 温具

温壶是为了放入茶叶冲泡热水时，不致冷热悬殊。温滤网、温公杯可提升杯身温度，冲洁茶具。

第四道 赏茶

观赏本次冲泡茶品——安溪铁观音。

第五道 置茶

用茶匙将茶叶轻轻拨入壶中，恰似乌龙入宫。

第六道 润茶

温润泡，用热水将紧结的茶球泡松。将温润泡的茶汤倒入茶海中，茶汤注入，

演示视频

茶香袭人。

第七道 冲水
动作高雅，水流划出美丽的弧线，彰显韵律与动感。

第八道 出汤
将浓淡适度的茶汤斟入茶海中，使待饮茶汤浓淡相同。

第九道 分茶
分茶入杯，"斟茶七分满，留下三分是情谊"。

第十道 敬茶
敬奉香茗，半壁山房待明月，一盏清茗酬知音。

第十一道 双手翻杯
热汤过桥，犹如鲤鱼翻身，预祝在座茶人美好前程。

第十二道 闻香
随着杯身温度的降低，可以闻到高温香、中温香、冷香。

第十三道 观色
茶汤清澈明亮，观之使人赏心悦目。

第十四道 品茗
品字三个口，一小口一小口地慢慢喝，眼、耳、鼻、舌、身、意全方位地投入，
用心体会茶的美。

第十五道 回味
静坐回味，品趣无穷，喝完使人清新破烦恼，进入宁静、愉悦、无忧的心境。

第十六道 谢茶
完毕，致谢。

左　右
[7] [8]
冲　出
水　汤

左　右
[9] [10]
分　敬
茶　茶

左　右
[11] [12]
双　闻
手　香
翻
杯

左　右
[13][14]
观　品
色　茗

左　右
[15][16]
回　谢
味　茶

三、盖碗茉莉花茶茶艺演示（视频）

备具：三才杯（即盖碗）两只、随手泡一套、茶荷一个、茶道组合一套、茶盘一个、茶巾一条。

备茶：茉莉花茶 8 克。

演示视频

基本程序有十道，具体如下。

第一道　烫杯
春江水暖待香茗。

第二道　赏茶
香花绿叶相扶持。赏茶也称为"目品"。"目品"是花茶"三品"（目品、鼻品、口品）中的头一品，目的是鉴赏花茶茶坯的质量，主要是观察茶坯的品种、工艺、细嫩程度及保管质量。用肉眼观察了茶坯之后，还要闻干花茶的香气。

第三道　投茶
落英缤纷玉杯里。当用茶匙把花茶从茶荷拨进洁白如玉的茶杯时，茶叶飘然而下，恰似"落英缤纷"。

第四道　冲水
春潮带雨晚来急。冲泡花茶讲究"高冲水"。热水从壶中直泻而下，注入杯中，杯中的花茶随水浪上下翻滚，恰似"春潮带雨晚来急"。

第五道　闷茶
三才花育甘露美。冲泡花茶所用的"三才杯"，茶杯的盖代表"天"，杯托代表"地"，中间的杯身代表"人"。人们认为茶是"天涵之、地载之、人育之"的灵物。闷茶的过程象征着"天、地、人"三才合一，共同化育出茶的精华。

第六道 敬茶

一盏香茗奉知己。敬茶时应双手捧杯，举杯齐眉，注目嘉宾并行点头礼，然后依次把沏好的茶敬奉给客人，最后一杯留给自己。

第七道 闻香

杯里清香浮情趣。闻香也称为"鼻品"，是三品花茶的第二品。品花茶讲究"未尝甘露味，先闻圣妙香"。闻香时主要对香气的鲜灵度、浓郁度和纯度进行体会。

第八道 品茶

品尝甘苦会茶意。品茶是指三品花茶的最后一品，即口品。品茶时应小口饮入茶汤，使茶汤在口腔中稍作停留，这时轻轻用口吸气，使茶汤在舌面流动，以使茶汤充分地与味蕾接触，有利于更精细地品悟出茶韵。然后闭紧嘴巴，用鼻腔呼气，感受茶的香气，充分领略花茶所独有的"味轻醍醐，香薄兰芷"的花香与茶韵。

第九道 回味

茶味人生细品悟。茶人们认为，一杯茶可以品百味，有的人"啜苦可励志"，有的人"咽甘思报国"。无论茶是苦涩、甘鲜，还是平和、醇厚，从一杯茶中茶人们都会有良多的感悟和联想，所以品茶重在回味。

第十道 谢茶

饮罢两腋清风起。茶可祛襟涤滞、致清导和，使人神清气爽、延年益寿之物，只有细细品味，才能感受到那"两腋习习清风生"的绝妙之处。

右 [2] 赏茶　香花绿叶相扶持
左 [1] 烫杯　春江水暖待香茗

右 [4] 冲水　春潮带雨晚来急
左 [3] 投茶　落英缤纷玉杯里

右 [6] 敬茶　一盏香茗奉知己
左 [5] 闷茶　三才花育甘露美

[7~8] 杯里清香浮情趣、品尝甘苦会茶意
闻香、品茶

[9] 回味　茶味人生细品悟

[10] 谢茶　饮罢两腋清风起

四、茗朴十二道泡茶法茶艺演示（视频）

备具：钧窑碗一个、分茶勺一个、随手泡一个、钧窑茶罐一个、茶荷一个、茶盘一个、茶巾一条、钧窑水盂一个、茶巾一块。

演示视频

备茶：云南普洱生茶（古树）8克。

基本程序有十二道，具体如下。

第一道　洁具　明礼备器。

第二道　赏茶　色润形美。

第三道　投茶　落英缤纷。

第四道　冲水　清泓润泽。

第五道　泡茶　芙蓉花开。

第六道　出汤　琼浆玉液。

第七道　分茶　香茗共赏。

第八道　敬茶　佳茗敬客。

第九道　闻香　芝兰香满。

第十道　品茶　甘露润喉。

第十一道　回味　宁静致远。

第十二道　谢茶　香茗一盏奉知己，余味悠悠悟人生。

五、瓷壶红茶茶艺演示（视频）

备具：定窑白瓷茶壶一个、白瓷杯三个、白瓷杯托三个、白瓷茶叶罐一个、玻璃公杯一个，茶道组合一套、白瓷水盂一个、茶巾一块、随手泡一个。
备茶：正山小种6克。

基本程序有八道，具体如下。

第一道　布具
将茶壶摆放在茶桌右侧居中位置，三个茶杯匀放在茶壶前方位置，茶巾放至身前壶后方的桌面上，茶荷端放至茶盘左侧的桌面上，茶叶罐捧至茶盘右侧桌面，随手泡及水盂端放在茶盘左右两侧的桌面。

第二道　润具
右手提开水壶，用初沸之水注入瓷壶及杯中，为壶、杯升温，并将温具水弃到水盂中。

第三道　取茶
打开茶叶罐，以茶则取出红茶。

第四道　置茶
将6克红茶轻轻拨入壶中。

第五道　悬壶高冲
以回转低斟高冲法，使茶充分浸润，倒至公杯之中。

第六道　分茶入杯
将每杯都斟至七八分满。

第七道　奉茶
可采取双手、单手，从正面、左侧、右侧奉茶，奉茶后留下茶壶，以备第二次冲泡。

第八道　收具
将其余器具收拾至盘中撤回。

左 右
[5] [6]
悬 分
壶 茶
高 入
冲 杯

左 右
[7] [8]
奉 收
茶 具

后 记

《茶·器与艺》一书是"品茗艺术"系列的第一部。我们希望将茶与茶具的文化艺术做个精炼的概述,并在品茗实践中将其表述出来。因为中华茶文化博大精深,在这一本书中,因篇幅所限,许多内容未能全部涉及。我们努力提供一种入门的路径,望能帮助读者自此开启茶文化的探索之旅。

本书在编写过程中,得到了许多单位与个人的支持与帮助。书中的文字部分承蒙著名文化学者耿晓星女士予以审阅修订;河北农业大学的贾蕾、张玉伟、李奕然参与资料收集整理及文字编辑工作;照片与视频的拍摄编辑由河北农业大学李卫宁先生、安彩霞女士、王坤女士、刘旭先生等完成;书籍的版式设计由孙晨旸女士完成;茶艺表演由河北农业大学谭经纬、任飞飞等示范。

张志忠先生为书中涉猎的唐代北方白瓷内容提供了大量文字资料及实物样本;庞永辉先生为书中宋代及当代定瓷内容提供了资料及实物样本,同时将我们的茶具设计理念转化成优秀的白瓷作品。书中未注明出处的图片及实物均由茗朴茶文化职业培训学校的茶具资料室提供。

借此机会,特向以上单位与个人表示衷心感谢!

感谢您能在百忙之中抽出时间阅读本书!希望您拥有自己喜爱的茶具,品一盏香茗,身心愉悦,拥有高雅美好的生活!

赵艳红

2018 年 1 月

参考文献

[1] 赵艳红. 茶文化简明教程. 北京：北方交通大学出版社，2013.

[2] 贾红文，赵艳红. 茶文化概论与茶艺实训. 第2版. 北京：清华大学出版社，
2016.

[3] 陈宗懋，杨亚军. 中国茶经. 上海：上海文化出版社，2011.

[4] 赵宏. 中国陶瓷文化史. 北京：中国言实出版社，2016.

[5] 陈帆. 中国陶瓷百年史（1911—2010）. 第2版. 北京：化学工业出版社，
2018.

[6] 余悦. 中华茶艺. 北京：中央广播电视大学出版社，2015.

[7] 李家志. 中国科学技术史·陶瓷卷. 北京：科学出版社，2015.

[8] 宋伯胤，吴光荣，黄健亮. 中国艺术品收藏鉴赏全集·紫砂（典藏版）. 长春：
吉林出版集团有限责任公司，2008.

[9] 中国就业培训技术指导中心，劳动和社会保障部职业技能鉴定中心组织.
茶艺师（中级）考试指导手册. 北京：中国劳动社会保障出版社，2008.

[10] 陈宗懋，俞永明，梁国彪等. 品茶图鉴. 南京：译林出版社，2016.

[11] 张志忠. 中国古代名窑系列丛书：邢窑. 南昌：江西美术出版社，2016.

[12] 王其钧，王谢燕. 中国工艺美术史. 北京：机械工业出版社，2008.

[13] 张红华. 张红华紫砂作品集. 北京：人民美术出版社，2011.